入门很**轻松**

电脑安全与攻防

实战超值版

入门很轻松

网络安全技术联盟 ◎ 编著

U0381454

清华大学出版社

北京

内容简介

本书在剖析用户进行黑客防御中迫切需要或想要用到的技术时，力求对其进行实操式的讲解，使读者对网络防御技术有一个系统的了解，能够更好地防范黑客的攻击。本书共分为 14 章，包括电脑安全快速入门、电脑系统漏洞的安全防护、计算机病毒与木马的安全防护、计算机系统的安全防护、计算机系统账户的安全防护、磁盘数据的安全防护、文件密码数据的安全防护、系统入侵与远程控制的安全防护、网络账号及密码的安全防护、网页浏览器的安全防护、手机与平板电脑的安全防护、网上银行的安全防护、手机支付的安全防护、无线网络的安全防护等内容。

另外，本书还赠送海量王牌资源，包括同步教学微视频、精美教学 PPT 课件、教学大纲、108 个黑客工具速查手册、160 个常用黑客命令速查手册、180 页电脑常见故障维修手册、8 大经典密码破解工具电子书、加密与解密技术快速入门电子书、网站入侵与黑客脚本编程电子书、100 款黑客攻防工具包，帮助读者掌握黑客防御方方面面的知识。

本书内容丰富、图文并茂、深入浅出，不仅适用于网络安全从业人员及网络管理员，而且适用于广大网络爱好者，也可作为大、中专院校计算机安全相关专业的参考书。

图书在版编目（CIP）数据

电脑安全与攻防入门很轻松：实战超值版 / 网络安全技术联盟编著. —北京：清华大学出版社，2022.10
（入门很轻松）
ISBN 978-7-302-61629-0

Ⅰ.①电… Ⅱ.①网… Ⅲ.①计算机安全 ②计算机网络－网络安全 Ⅳ.①TP309 ②TP393.08

中国版本图书馆CIP数据核字（2022）第144257号

责任编辑：张　敏
封面设计：杨玉兰
责任校对：徐俊伟
责任印制：朱雨萌

出版发行：清华大学出版社
　　　　　网　　　　　址：http://www.tup.com.cn, http://www.wqbook.com
　　　　　地　　　　　址：北京清华大学学研大厦A座　　　邮　　编：100084
　　　　　社　总　机：010-83470000　　　　　　　　　邮　　购：010-62786544
　　　　　投稿与读者服务：010-62776969, c-service@tup.tsinghua.edu.cn
　　　　　质　量　反　馈：010-62772015, zhiliang@tup.tsinghua.edu.cn
　　　　　课　件　下　载：http://www.tup.com.cn, 010-83470236
印　装　者：北京鑫海金澳胶印有限公司
经　　　销：全国新华书店
开　　　本：185mm×260mm　　　　印　　张：15　　　字　　数：448千字
版　　　次：2022年12月第1版　　　印　　次：2022年12月第1次印刷
定　　　价：79.80元

产品编号：097858-01

目前，电脑安全越来越重要，而且随着手机、平板电脑的普及，无线网络的防范也变得尤为重要。为此，本书除了讲解电脑安全的攻防策略外，还把目前市场上流行的无线攻防、移动端攻防、手机钱包等热点融入了本书中。

注意：书中截图涉及的"帐号""帐户"应为"账号""账户"，特在此说明。

本书特色

知识丰富全面：基本涵盖了所有黑客攻防知识点，由浅入深地讲解黑客攻防技能。

图文并茂：注重操作，在介绍案例的过程中，每个操作均有对应的插图。这种图文结合的方式使读者在学习过程中能够直观、清晰地看到操作的过程以及效果，便于更快地理解和掌握。

案例丰富：把知识点融汇于系统的案例实训当中，并且结合经典案例进行讲解和拓展，进而达到"知其然，并知其所以然"的效果。

提示技巧、贴心周到：本书对读者在学习过程中可能会遇到的疑难问题以"提示"的形式进行了说明，以免读者在学习的过程中走弯路。

超值赠送

本书赠送同步教学微视频（扫描正文中二维码获取）、精美教学 PPT 课件、教学大纲、108 个黑客工具速查手册、160 个常用黑客命令速查手册、180 页电脑常见故障维修手册、8 大经典密码破解工具电子书、加密与解密技术快速入门电子书、网站入侵与黑客脚本编程电子书、100 款黑客攻防工具包，读者可扫描下方二维码下载获取相关资源

| 精美教学 PPT 课件 | 教学大纲 | 108 个黑客工具速查手册 | 160 个常用黑客命令速查手册 | 180 页电脑常见故障维修手册 | 8 大经典密码破解工具电子书 | 加密与解密技术快速入门电子书 | 网站入侵与黑客脚本编程电子书 |

读者对象

本书不仅适用于网络安全从业人员及网络管理员，而且适用于广大网络爱好者，也可作为大、中专院校计算机安全相关专业的参考书。

100 款黑客攻防工具包

写作团队

本书由长期研究网络安全知识的网络安全技术联盟编著。在编写过程中，尽所能地将最好的讲解呈现给读者，但也难免有疏漏和不妥之处，敬请不吝指正。若您在学习中遇到困难或疑问，或有何建议，及时联系可获得编者的在线指导和本书资源。

编者

2022.8

目录
CONTENTS

第 **1** 章

电脑安全快速入门

作为电脑或网络终端设备的用户，要想使自己的设备不受或少受黑客的攻击，就需要了解一些黑客常用的入侵手段及学习电脑安全方面的知识。本章介绍一些电脑安全方面的基础知识，主要内容包括 IP 地址、MAC 地址、端口及黑客常用的 DOS 命令等。

1.1 IP 地址与 MAC 地址

在互联网中，一台主机只有一个 IP 地址，因此，黑客要想攻击某台主机，必须找到这台主机的 IP 地址，然后才能进行入侵攻击，可以说找到 IP 地址是黑客实施入侵攻击的一个关键。

1.1.1 IP 地址

IP 地址用于在 TCP/IP 通信协议中标记每台计算机的地址，通常使用十进制来表示，如192.168.1.100，但在计算机内部，IP 地址是一个 32 位的二进制数值，如 11000000 10101000 00000001 00000110（192.168.1.6）。

微视频

1. 认识IP地址

一个完整的 IP 地址由两部分组成，分别是网络号和主机号。网络号表示其所属的网络段编号，主机号则表示该网段中该主机的地址编号。

按照网络规模的大小，IP 地址可以分为 A、B、C、D、E 共 5 类，其中 A、B、C 类 3 种是主要的类型地址，D 类专供多目传送地址，E 类用于扩展备用地址。

- A 类 IP 地址。一个 A 类 IP 地址由 1 个字节的网络地址和 3 个字节的主机地址组成，网络地址的最高位必须是 "0"，地址范围为 1.0.0.0 ～ 126.0.0.0。
- B 类 IP 地址。一个 B 类 IP 地址由 2 个字节的网络地址和 2 个字节的主机地址组成，网络地址的最高位必须是 "10"，地址范围为 128.0.0.0 ～ 191.255.255.255。
- C 类 IP 地址。一个 C 类 IP 地址由 3 个字节的网络地址和 1 个字节的主机地址组成，网络地址的最高位必须是 "110"。地址范围为 192.0.0.0 ～ 223.255.255.255。
- D 类 IP 地址。D 类 IP 地址第一个字节以 "10" 开始，它是一个专门保留的地址。它并不指向特定的网络，目前这一类地址被用在多点广播（Multicast）中。多点广播地址用来一次寻址一组计算机，它标识共享同一协议的一组计算机。
- E 类 IP 地址。以 "10" 开始，为将来使用保留，全 "0"（0.0.0.0）IP 地址对应于当前主机；

全"1"的 IP 地址（255.255.255.255）是当前子网的广播地址。

具体来讲，一个完整的 IP 地址信息应该包括 IP 地址、子网掩码、默认网关和 DNS 等 4 个部分。只有这些部分协同工作，互联网中的计算机才能相互访问。

- 子网掩码：子网掩码是与 IP 地址结合使用的一种技术。其主要作用有两个，一是用于确定 IP 地址中的网络号和主机号；二是用于将一个大的 IP 网络划分为若干小的子网络。
- 默认网关：默认网关意为一台主机如果找不到可用的网关，就把数据包发送给默认指定的网关，由这个网关来处理数据包。
- DNS：DNS 服务用于将用户的域名请求转换为 IP 地址。

2. 查看IP地址

计算机的 IP 地址一旦被分配，可以说是固定不变的，因此，查询出计算机的 IP 地址，在一定程度上就实现了黑客入侵的前提工作。使用 ipconfig 命令可以获取本地计算机的 IP 地址和物理地址，具体的操作步骤如下。

Step01 右击"开始"按钮，在弹出的快捷菜单中选择"运行"选项，如图 1-1 所示。

Step02 弹出"运行"对话框，在"打开"文本框中输入 cmd 命令，如图 1-2 所示。

Step03 单击"确定"按钮，打开"命令提示符"窗口，在其中输入 ipconfig，按 Enter 键，即可显示出本机的 IP 配置相关信息，如图 1-3 所示。

图 1-1 选择"运行"选项

图 1-2 输入 cmd 命令

图 1-3 查看 IP 地址

提示：在"命令提示符"窗口中，192.168.0.130 表示本机在局域网中的 IP 地址。

微视频

1.1.2 MAC 地址

MAC 地址是在媒体接入层上使用的地址，也称为物理地址、硬件地址或链路地址，由网络设备制造商生产时写在硬件内部。MAC 地址与网络无关，即无论将带有这个地址的硬件（如网卡、集线器、路由器等）接入到网络的何处，MAC 地址都是相同的，它由厂商写在网卡的 BIOS 里。

1. 认识MAC地址

MAC 地址通常表示为 12 个十六进制数，每两个十六进制数之间用冒号隔开，如 08:00:20:0A:8C:6D 就是一个 MAC 地址，其中前 6 位（08:00:20）代表网络硬件制造商的编号，它由 IEEE（电气电子工程师学会）分配，后 3 位（0A:8C:6D）代表该制造商所制造的某个网络产品（如网卡）的系列号。每个网络制造商必须确保它所制造的每个以太网设备前 3 个字节都相同，后 3 个字节不同，这样，就可以保证世界上每个以太网设备都具有唯一的 MAC 地址。

 知识链接

> IP 地址与 MAC 地址的区别在于：IP 地址基于逻辑，比较灵活，不受硬件限制，也容易记忆。MAC 地址在一定程度上与硬件一致，基于物理，能够具体标识。这两种地址均有各自的长处，使用时也因条件不同而采取不同的地址。

2. 查看MAC地址

在"命令提示符"窗口中输入 ipconfig /all 命令，然后按 Enter 键，可以在显示的结果中看到一个物理地址：00-23-24-DA-43-8B，这就是用户自己的计算机的网卡地址，它是唯一的，如图 1-4 所示。

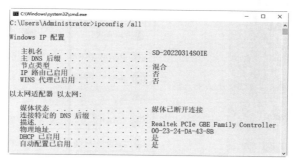

图 1-4　查看 MAC 地址

1.2　认识端口

"端口"可以认为是计算机与外界通信交流的出口。一个 IP 地址的端口可以有 65536（256×256）个，端口是通过端口号来标记的，端口号只有整数，范围是 0 ～ 65535（256×256-1）。

1.2.1　查看系统的开放端口

经常查看系统开放端口的状态变化，可以帮助计算机用户及时提高系统安全，防止黑客通过端口入侵计算机。用户可以使用 netstat 命令查看自己系统的端口状态，具体的操作步骤如下。

微视频

Step01 打开"命令提示符"窗口，在其中输入 netstat -a -n 命令，如图 1-5 所示。

Step02 按 Enter 键，即可看到以数字显示的 TCP 和 UCP 连接的端口号及其状态，如图 1-6 所示。

图 1-5　输入 netstat -a -n 命令

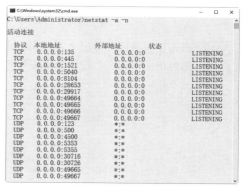

图 1-6　TCP 和 UCP 连接的端口号

1.2.2　关闭不必要的端口

默认情况下，计算机系统中有很多没有用或不安全的端口是开启的，这些端口很容易被黑客利用。为保障系统的安全，可以将这些不用的端口关闭。关闭端口的方式有多种，这里介绍通过关闭无用服务来关闭不必要的端口。

微视频

下面以关闭 WebClient 服务为例，具体的操作步骤如下。

Step01 右击"开始"按钮，在弹出的快捷菜单中选择"控制面板"选项，如图 1-7 所示。

Step 02 打开"控制面板"窗口，双击"管理工具"图标，如图 1-8 所示。

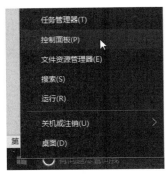

图 1-7　选择"控制面板"选项

图 1-8　"控制面板"窗口

Step 03 打开"管理工具"窗口，双击"服务"图标，如图 1-9 所示。

Step 04 打开"服务"窗口，找到 WebClient 服务项，如图 1-10 所示。

图 1-9　"服务"图标

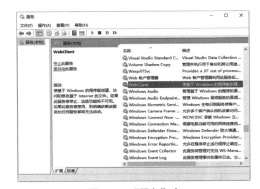

图 1-10　"服务"窗口

Step 05 双击该服务项，弹出"WebClient 的属性"对话框，在"启动类型"下拉列表中选择"禁用"选项，然后单击"确定"按钮禁用该服务项的端口，如图 1-11 所示。

图 1-11　选择"禁用"选项

微视频

1.2.3　启动需要开启的端口

开启端口的操作与关闭端口的操作类似，下面具体介绍通过启动服务的方式开启端口的具体操作步骤。

Step 01 以上述停止的 WebClient 服务端口为例。在"WebClient 的属性"对话框中单击"启动类型"右侧的下拉按钮，在弹出的下拉菜单中选择"自动"，如图 1-12 所示。

Step 02 单击"应用"按钮，激活"服务状态"下的"启动"按钮，如图 1-13 所示。

图 1-12　选择"自动"选项

图 1-13　单击"启动"按钮

Step 03 单击"启动"按钮，启动该项服务，再次单击"应用"按钮，在"WebClient 的属性"对话框中可以看到该服务的"服务状态"已经变为"正在运行"，如图 1-14 所示。

Step 04 单击"确定"按钮，返回"服务"窗口，此时即可发现 WebClient 服务的"状态"变为"正在运行"，这样就可以成功开启 WebClient 服务对应的端口，如图 1-15 所示。

图 1-14　启动服务项

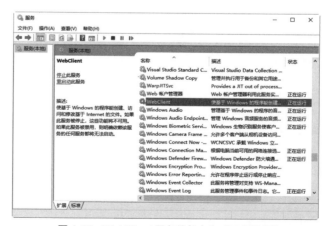

图 1-15　WebClient 服务的状态为"正在运行"

1.3　黑客常用的 DOS 命令

熟练掌握一些 DOS 命令是一名计算机用户的基本功，本节介绍黑客常用的一些 DOS 命令。了解这样的命令可以帮助计算机用户追踪黑客的踪迹，从而提高个人计算机的安全性。

1.3.1　cd 命令

cd（Change Directory）命令的作用是改变当前目录，该命令用于切换路径目录。cd 命令主要有以下 3 种使用方法。

（1）cd path：path 是路径，例如输入 cd c:\ 命令后按 Enter 键或输入 cd Windows 命令，即可分别切换到 C:\ 和 C:\Windows 目录下。

（2）cd..：cd 后面的两个"."表示返回上一级目录，例如当前的目录为 C:\Windows，如果输入 cd.. 命令，按 Enter 键返回上一级目录，即 C:\。

（3）cd\：表示当前无论在哪个子目录下，通过该命令可立即返回根目录下。

下面将介绍使用 cd 命令进入 C:\Windows\system32 子目录，并退回根目录的具体操作步骤。

Step01 在"命令提示符"窗口中输入 cd c:\ 命令，按 Enter 键将目录切换为 C:\，如图 1-16 所示。

Step02 如果想进入 C:\Windows\system32 目录中，则需在上面的"命令提示符"窗口中输入 cd Windows\system32 命令，按 Enter 键将目录切换为 C:\Windows\system32，如图 1-17 所示。

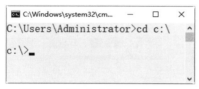

图 1-16　目录切换到 C 盘根目录

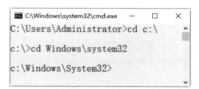

图 1-17　切换到 C 盘子目录

Step03 如果想返回上一级目录，则可以在"命令提示符"窗口中输入 cd.. 命令，按 Enter 键，如图 1-18 所示。

Step04 如果想返回根目录，则可以在"命令提示符"窗口中输入 cd\ 命令，按 Enter 键，如图 1-19 所示。

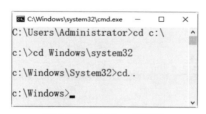

图 1-18　返回上一级目录

图 1-19　返回根目录

1.3.2　dir 命令

dir 命令的作用是列出磁盘上所有的或指定的文件目录，可以显示的内容包含卷标、文件名、文件大小、文件建立日期和时间、目录名、磁盘剩余空间等。dir 命令的格式如下。

```
dir [盘符][路径][文件名][/P][/W][/A:属性]
```

其中各个参数的作用如下。

（1）/P：当显示的信息超过一屏时暂停显示，直至按任意键才继续显示。

（2）/W：以横向排列的形式显示文件名和目录名，每行 5 个（不显示文件大小、建立日期和时间）。

（3）/A:属性：仅显示指定属性的文件，无此参数时，dir 显示除系统和隐含文件外的所有文件。可指定为以下几种形式。

① /A:S：显示系统文件的信息。

② /A:H：显示隐含文件的信息。

③ /A:R：显示只读文件的信息。

④ /A:A：显示归档文件的信息。

⑤ /A:D：显示目录信息。

使用 dir 命令查看磁盘中的资源，具体的操作步骤如下。

Step01 在"命令提示符"窗口中输入 dir 命令，按 Enter 键，查看当前目录下的文件列表，如图 1-20 所示。

Step02 在"命令提示符"窗口中输入 dir d:/ a:d 命令，按 Enter 键，查看 D 盘下的所有文件的目录，如图 1-21 所示。

Step03 在"命令提示符"窗口中输入 dir c:\windows /a:h 命令，按 Enter 键，列出 C:\windows 目录下的隐藏文件，如图 1-22 所示。

图 1-20　Administrator 目录下的文件列表

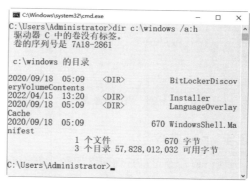

图 1-21　D 盘下的文件列表

图 1-22　C 盘下的隐藏文件

1.3.3　ping 命令

ping 命令是 TCP/IP 中常用的命令，主要用来检查网络是否通畅或者网络连接的速度。对于一名计算机用户来说，ping 命令是第一个必须掌握的 DOS 命令。在"命令提示符"窗口中输入 ping /?，可以得到这条命令的帮助信息，如图 1-23 所示。

使用 ping 命令对计算机的连接状态进行测试的具体操作步骤如下。

Step01 使用 ping 命令来判断计算机的操作系统类型。在"命令提示符"窗口中输入 ping 192.168.3.9 命令，运行结果如图 1-24 所示。

Step02 在"命令提示符"窗口中输入 ping 192.168.3.9 -t -l 128 命令，可以不断向某台主机发出大量的数据包，如图 1-25 所示。

微视频

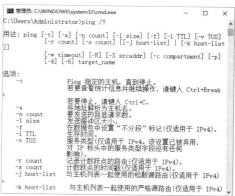

图 1-23　ping 命令的帮助信息

Step03 判断本台计算机是否与外界网络连通。在"命令提示符"窗口中输入 ping www.baidu.com 命令，其运行结果如图 1-26 所示，图中说明本台计算机与外界网络连通。

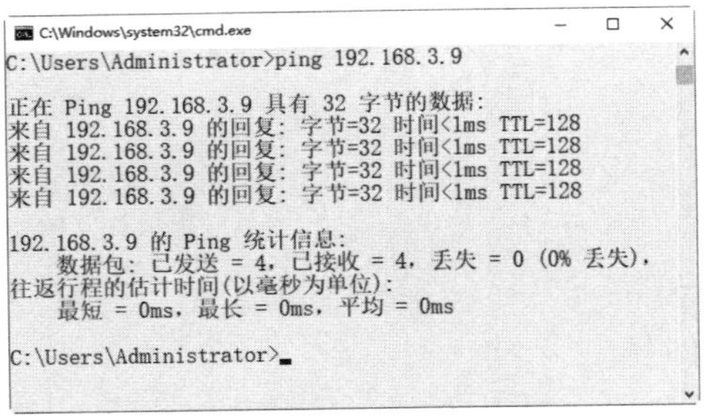

图 1-24　判断计算机的操作系统类型 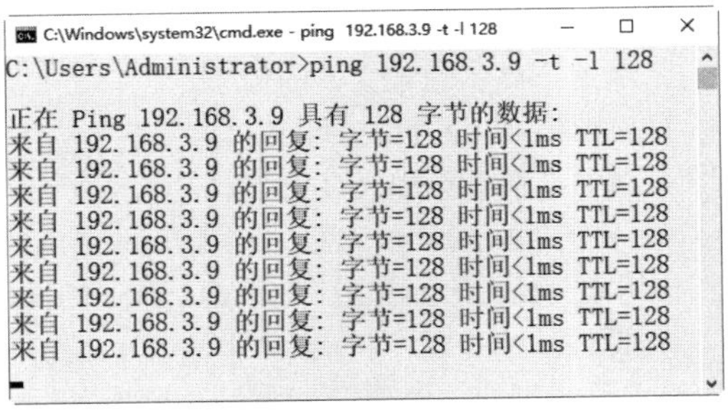　　　图 1-25　发出大量数据包

Step04 解析某 IP 地址的计算机名。在"命令提示符"窗口中输入 ping -a 192.168.3.9 命令，其运行结果如图 1-27 所示，可知这台主机的名称为 SD-20220314SOIE。

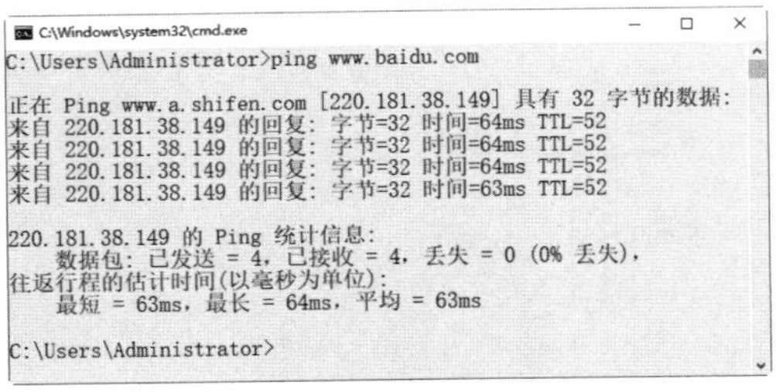

图 1-26　网络连通信息 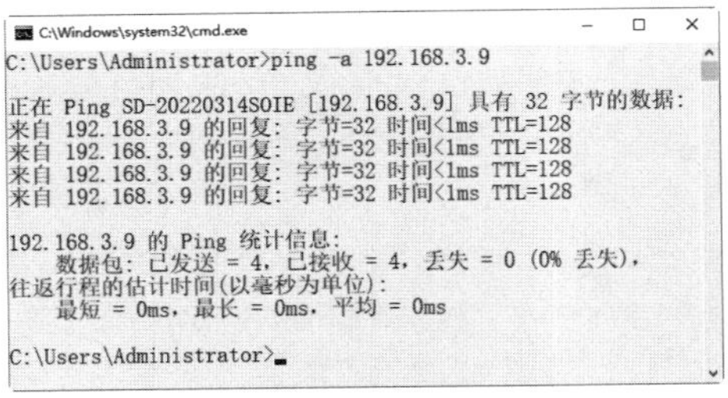　　　图 1-27　解析某 IP 地址的计算机名

1.3.4　net 命令

使用 net 命令可以查询网络状态、共享资源及计算机所开启的服务等，该命令的语法格式信息如下。

```
NET [ ACCOUNTS | COMPUTER | CONFIG | CONTINUE | FILE | GROUP | HELP | HELPMSG |
LOCALGROUP | NAME | PAUSE | PRINT | SEND | SESSION | SHARE | START | STATISTICS |
STOP | TIME | USE | USER | VIEW ]
```

微视频

查询本台计算机开启哪些 Windows 服务的具体操作步骤如下。

Step01 使用 net 命令查看网络状态。打开"命令提示符"窗口，输入 net start 命令，如图 1-28 所示。

Step02 按 Enter 键，在打开的"命令提示符"窗口中可以显示计算机所启动的 Windows 服务，如图 1-29 所示。

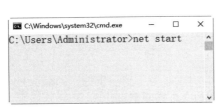

图 1-28　输入 net start 命令　　　图 1-29　计算机所启动的 Windows 服务

1.3.5 netstat 命令

netstat 命令主要用来显示网络连接的信息，包括显示活动的 TCP 连接、路由器和网络接口信息，是一个监控 TCP/IP 网络非常有用的工具，可以让用户得知系统中目前都有哪些网络连接正常。

微视频

在"命令提示符"窗口中输入 netstat/?，可以得到这条命令的帮助信息，如图 1-30 所示。

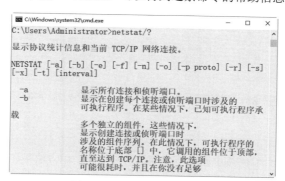

图 1-30　netstat 命令帮助信息

该命令的语法格式信息如下：

```
NETSTAT [-a] [-b] [-e] [-n] [-o] [-p proto] [-r] [-s] [-v] [interval]
```

其中比较重要的参数的含义如下。

- -a：显示所有连接和监听端口。
- -n：以数字形式显示地址和端口号。

使用 netstat 命令查看网络连接的具体操作步骤如下。

Step01 打开"命令提示符"窗口，在其中输入 netstat -n 或 netstat 命令，按 Enter 键，查看服务器活动的 TCP/IP 连接，如图 1-31 所示。

Step02 在"命令提示符"窗口中输入 netstat -r 命令，按 Enter 键，查看本机的路由信息，如图 1-32 所示。

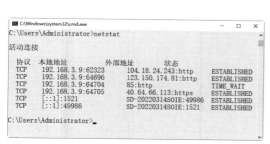

图 1-31　服务器活动的 TCP/IP 连接

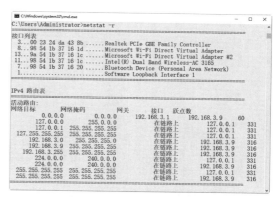

图 1-32　查看本机的路由信息

Step03 在"命令提示符"窗口中输入 netstat -a 命令，按 Enter 键，查看本机所有活动的 TCP 连接，如图 1-33 所示。

Step04 在"命令提示符"窗口中输入 netstat -n -a 命令，按 Enter 键，显示本机所有连接的端口及其状态，如图 1-34 所示。

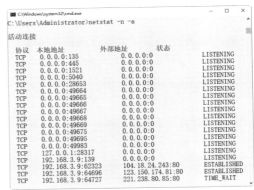

图 1-33　查看本机所有活动的 TCP 连接　　　　图 1-34　显示本机所有连接的端口及其状态

微视频

1.3.6　tracert 命令

使用 tracert 命令可以查看网络中路由节点信息，常见的使用方法是在 tracert 命令后追加一个参数，表示检测和查看连接当前主机经历了哪些路由节点，适合用于大型网络的测试，该命令的语法格式信息如下。

```
tracert [-d] [-h MaximumHops] [-j Hostlist] [-w Timeout] [TargetName]
```

其中各个参数的含义如下。

- -d：防止解析目标主机的名字，可以加速显示 tracert 命令结果。
- -h MaximumHops：指定搜索目标地址的最大跳跃数，默认为 30 个跳跃点。
- -j Hostlist：按照主机列表中的地址释放源路由。
- -w Timeout：指定超时时间间隔，默认单位为 ms。
- TargetName：指定目标计算机。

例如：如果想查看 www.baidu.com 的路由与局域网络连接情况，则在"命令提示符"窗口中输入 tracert www.baidu.com 命令，按 Enter 键，其显示结果如图 1-35 所示。

图 1-35　查看网络中路由节点信息

1.3.7　Tasklist 命令

Tasklist 命令用来显示运行在本地或远程计算机上的所有进程，带有多个执行参数。Tasklist 命令的格式如下。

```
Tasklist [/S system [/U username [/P [password]]]] [/M [module] | /SVC | /V] [/FI
filter] [/FO format] [/NH]
```

其中各个参数的含义如下。

- /S system：指定连接到的远程系统。
- /U [domain\]user：指定使用哪个用户执行这个命令。
- /P [password]：为指定的用户指定密码。
- /M [module]：列出调用指定的 DLL 模块的所有进程。如果没有指定模块名，显示每个进程加载的所有模块。
- /SVC：显示每个进程中的服务。
- /V：显示详细信息。
- /FI filter：显示一系列符合筛选器指定的进程。
- /FO format：指定输出格式，有效值：TABLE、LIST、CSV。
- /NH：指定输出中不显示栏目标题。只对 TABLE 和 CSV 格式有效。

利用 Tasklist 命令可以查看本机中的进程，还查看每个进程提供的服务。下面将介绍使用 Tasklist 命令的具体操作步骤。

Step01 在"命令提示符"窗口中输入 Tasklist 命令，按 Enter 键即可显示本机的所有进程，如图 1-36 所示。在显示结果中可以看到映像名称、PID、会话名、会话 # 和内存使用 5 部分。

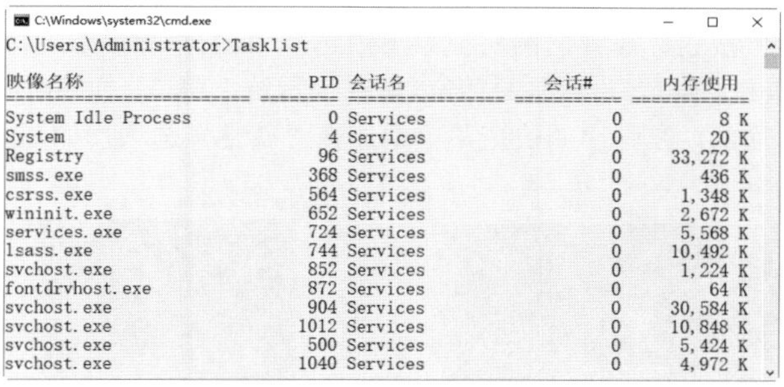

图 1-36　查看本机进程

Step02 Tasklist 命令不但可以查看系统进程，而且还可以查看每个进程提供的服务。例如查看本机进程 svchost.exe 提供的服务，在"命令提示符"窗口中输入 Tasklist /svc 命令，如图 1-37 所示。

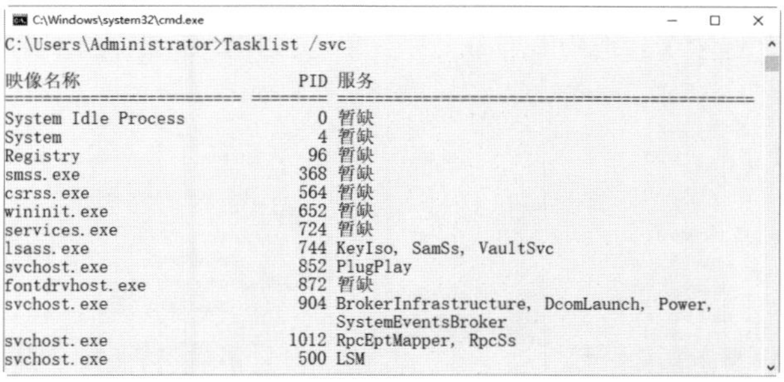

图 1-37　查看本机进程 svchost.exe 提供的服务

Step03 要查看本地系统中哪些进程调用了 shell32.dll 模块文件，只需在"命令提示符"窗口中输入 Tasklist /m shell32.dll 命令即可显示这些进程的列表，如图 1-38 所示。

Step04 使用筛选器可以查找指定的进程，在"命令提示符"窗口中输入 TASKLIST /FI "USERNAME ne NT AUTHORITY\SYSTEM" /FI "STATUS eq running 命令，按 Enter 键即可列出系统中正在运行的非 SYSTEM 状态的所有进程，如图 1-39 所示。其中"/FI"为筛选器参数，"ne"和"eq"为关系运算符"不相等"和"相等"。

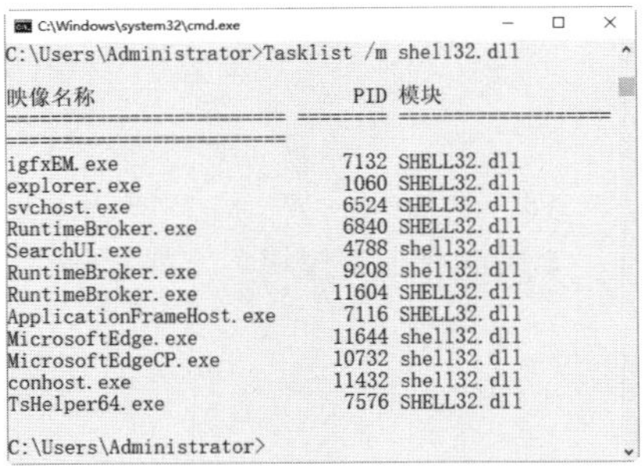

图 1-38　显示调用 shell32.dll 模块的进行

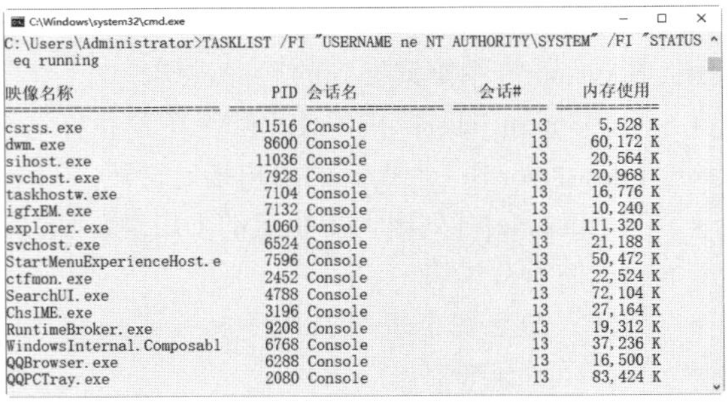

图 1-39　列出系统中正在运行的非 SYSTEM 状态的所有进程

1.4　实战演练

1.4.1　实战 1：自定义命令提示符窗口的显示效果

系统默认的"命令提示符"窗口显示的背景色为黑色，文字为白色，那么如何自定义显示效果呢？具体的操作步骤如下。

Step01 右击"开始"按钮，在弹出的快捷菜单中选择"运行"选项，弹出"运行"对话框，在其中输入 cmd 命令，单击"确定"按钮，打开"命令提示符"窗口，如图 1-40 所示。

Step02 右击窗口的顶部，在弹出的快捷菜单中选择"属性"选项，如图 1-41 所示。

图 1-40　"命令提示符"窗口

图 1-41　"属性"选项

Step03 弹出"属性"对话框，选择"颜色"选项卡，选中"屏幕背景"单选按钮，在颜色条中选中白色色块，如图 1-42 所示。

Step04 选择"颜色"选项卡，选中"屏幕文字"单选按钮，在颜色条中选中黑色色块，如图 1-43 所示。

图 1-42　设置屏幕背景

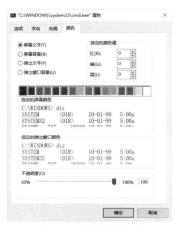

图 1-43　设置屏幕文字

Step05 单击"确定"按钮，返回"命令提示符"窗口，可以看到命令提示符窗口的显示方式变为白底黑字样式，如图 1-44 所示。

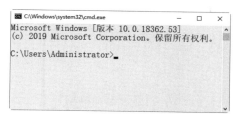

图 1-44　以白底黑字样式显示命令提示符窗口

1.4.2　实战 2：使用 shutdown 命令实现定时关机

使用 shutdown 命令可以实现定时关机的功能，具体的操作步骤如下。

Step01 在"命令提示符"窗口中输入 shutdown/s /t 40 命令，如图 1-45 所示。

微视频

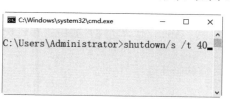

图 1-45　输入 shutdown/s /t 40 命令

Step02 弹出一个即将注销用户登录的信息对话框，这样计算机就会在规定的时间内关机，如图 1-46 所示。

Step03 如果此时想取消关机操作，可在命令行中输入 shutdown /a 命令后按 Enter 键，桌面右下角出现如图 1-47 所示的弹窗，表示取消成功。

图 1-46　信息对话框

图 1-47　取消关机操作

第2章

电脑系统漏洞的安全防护

目前，用户普遍使用的操作系统为 Windows 10 操作系统。该系统也存在这样或那样的漏洞，这就给黑客留下了入侵攻击的机会。因此，计算机用户如何才能有效地防止黑客的入侵攻击，就成了迫在眉睫的问题。本章介绍电脑系统漏洞的安全防护，主要内容包括系统漏洞的相关概述、典型系统漏洞的入门与防御及系统漏洞的修补等。

2.1 系统漏洞概述

计算机系统漏洞也被称为系统安全缺陷，这些安全缺陷会被技术高低不等的入侵者所利用，从而达到其控制目标主机或造成一些更具破坏性影响的目的。

2.1.1 什么是系统漏洞

系统漏洞是指应用软件或操作系统软件在逻辑设计上的缺陷或在编写时产生的错误。某个程序（包括操作系统）在设计时未被考虑周全，则这个缺陷或错误将可能被不法分子或黑客利用，通过植入木马病毒等方式来攻击或控制整个计算机，从而窃取计算机中的重要资料和信息，甚至破坏系统。

系统漏洞又称为安全缺陷，可对用户造成不良后果，若漏洞被恶意用户利用，会造成信息泄露。黑客攻击网站即是利用网络服务器操作系统的漏洞，对用户操作造成不便，如出现不明原因的死机和丢失文件等情况。

2.1.2 系统漏洞产生的原因

系统漏洞的产生不是安装不当的结果，也不是使用后的结果。归结起来，其产生的原因主要有以下几点。

（1）人为因素：编程人员在编写程序过程中故意在程序代码的隐蔽位置保留了后门。

（2）硬件因素：由于硬件的原因，编程人员无法弥补硬件的漏洞，从而使硬件问题通过软件表现出来。

（3）客观因素：受编程人员的能力、经验和当时的安全技术及加密方法发展水平所限，在程序中难免存在不足之处，而这些不足恰恰会导致系统漏洞的产生。

2.2　RPC 服务远程漏洞

RPC 协议是 Windows 操作系统使用的一种协议，提供了系统中进程之间的交互通信，允许在远程主机上运行任意程序。在 Windows 操作系统中使用的 RPC 协议，包括 Microsoft 及其他一些特定的扩展。系统大多数的功能和服务都依赖于它，是操作系统中极为重要的一个服务。

2.2.1　认识 RPC 服务远程漏洞

RPC 全称是 Remote Procedure Call，在操作系统中，它默认是开启的，为各种网络通信和管理提供了极大的方便，但也是危害极为严重的漏洞攻击点，曾经的冲击波、震荡波等大规模攻击和蠕虫病毒都是 Windows 系统的 RPC 服务漏洞造成的。可以说，每一次的 RPC 服务漏洞的出现且被攻击，都会给网络系统带来一场灾难。

微视频

启动 RPC 服务的具体操作步骤如下。

Step01 在 Windows 操作界面中选择"开始"→"Windows 系统"→"控制面板"→"管理工具"选项，打开"管理工具"窗口，如图 2-1 所示。

Step02 在"管理工具"窗口中双击"服务"图标，打开"服务"窗口，如图 2-2 所示。

图 2-1　"管理工具"窗口

图 2-2　"服务"窗口

Step03 在服务（本地）列表中双击"Remote Procedure Call（RPC）"选项，弹出"Remote Procedure Call（RPC）属性"对话框，在"常规"选项卡中可以查看该协议的启动类型，如图 2-3 所示。

Step04 选择"依存关系"选项卡，在显示的界面中可以查看一些服务的依赖关系，如图 2-4 所示。

图 2-3　"常规"选项卡

图 2-4　"依存关系"选项卡

分析：从上图的显示服务可以看出，受 RPC 服务影响的系统组件有很多，其中包括了 DCOM 接口服务，这个接口用于处理由客户端机器发送给服务器的 DCOM 对象激活请求（如 UNC 路径）。攻击者若成功利用此漏洞则可以本地系统权限执行任意指令，还可以在系统上执行任意操作，如安装程序，查看、更改或删除数据，建立系统管理员权限的账户等。

若想对 DCOM 接口进行相应的配置，其具体操作步骤如下。

Step01 执行"开始"→"运行"命令，在弹出的"运行"对话框中输入 Dcomcnfg 命令，如图 2-5 所示。

Step02 单击"确定"按钮，打开"组件服务"窗口，单击"组件服务"前面的" ﹥ "号，依次展开各项，直到出现"DCOM 配置"选项为止，即可查看 DCOM 中各个配置对象，如图 2-6 所示。

图 2-5 "运行"对话框

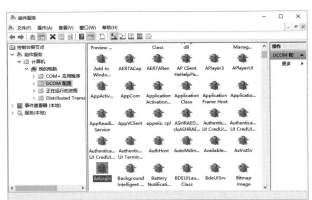

图 2-6 "组件服务"窗口

Step03 根据需要选择 DCOM 配置的对象，如 AxLogin，选定其并右击，从弹出的快捷菜单中选择"属性"选项，弹出"AxLogin 属性"对话框，在"身份验证级别"下拉列表中根据需要选择相应的选项，如图 2-7 所示。

Step04 选择"位置"选项卡，在打开的界面中对 AxLogin 对象进行位置的设置，如图 2-8 所示。

图 2-7 "AxLogin 属性"对话框

图 2-8 "AxLogin 位置"选项卡

Step05 选择"安全"选项卡，在打开的界面中对 AxLogin 对象的启动和激活权限、访问权限和配置权限进行设置，如图 2-9 所示。

Step 06 选择"终结点"选项卡，在打开的界面中对 AxLogin 对象进行终结点的设置，如图 2-10 所示。

Step 07 选择"标识"选项卡，在打开的界面中对 AxLogin 对象进行标识的设置，选择运行此应用程序的用户账户。设置完成后，单击"确定"按钮，如图 2-11 所示。

图 2-9 "AxLogin 安全"选项卡

图 2-10 "AxLogin 终结点"选项卡

图 2-11 "AxLogin 标识"选项卡

提示： 由于 DCOM 可以远程操作其他计算机中的 DCOM 程序，而技术使用的是用于调用其他计算机所具有的函数的 RPC（在远程过程中调用），因此，利用这个漏洞，攻击者只需要发送特殊形式的请求到远程计算机上的 135 端口，轻则可以造成拒绝服务攻击，重则远程攻击者可以以本地管理员权限执行任何操作。

2.2.2 RPC 服务远程漏洞入侵演示

DcomRpc 接口漏洞对 Windows 操作系统乃至整个网络安全的影响，可以说超过了以往任何一个系统漏洞。其主要原因是 DCOM 是目前几乎各种版本的 Windows 系统的基础组件，应用比较广泛。 微视频
下面以 DcomRpc 接口漏洞的溢出为例，为大家详细讲述溢出的方法。

Step 01 将下载好的 DComRpc.xpn 插件复制到 X-Scan 的 plugins 文件夹中，作为 X-Scan 插件，如图 2-12 所示。

Step 02 运行 X-Scan 扫描工具，选择"设置"→"扫描参数"选项，弹出"扫描参数"对话框，再选择"全局设置"→"扫描模块"选项，即可看到添加的"DcomRpc 溢出漏洞"模块，如图 2-13 所示。

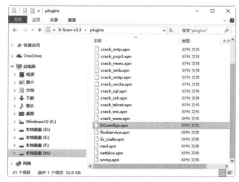

图 2-12 plugins 文件夹

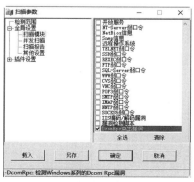

图 2-13 "扫描参数"对话框

Step03 在使用 X-Scan 扫描到具有 DcomRpc 接口漏洞的主机时，可以看到在 X-Scan 中有明显的提示信息，并给出相应的 HTML 格式的扫描报告，如图 2-14 所示。

Step04 如果使用 RpcDcom.exe 专用 DcomRPC 溢出漏洞扫描工具，则可先打开"命令提示符"窗口，进入 RpcDcom.exe 所在文件夹，执行"RpcDcom -d　IP 地址"命令后开始扫描并会给出最终的扫描结果，如图 2-15 所示。

图 2-14　扫描报告

图 2-15　"命令提示符"窗口

微视频

2.2.3　修补 RPC 服务远程漏洞

RPC 服务远程漏洞可以说是 Windows 系统中最为严重的一个系统漏洞，下面介绍几个 RPC 服务远程漏洞的防御方法，以使自己的计算机或系统处于相对安全的状态。

1. 及时为系统打补丁

防御系统出现漏洞最直接、有效的解决方法是打补丁，对于 RPC 服务远程溢出漏洞的防御也是如此。不过在对系统打补丁时，务必要注意补丁相应的系统版本。

2. 关闭RPC服务

关闭 RPC 服务也是防范 DcomRpc 漏洞攻击的方法之一，而且效果非常彻底。其具体的方法为：选择"开始"→"设置"→"控制面板"→"管理工具"选项，在打开的"管理工具"窗口中双击"服务"图标，打开"服务"窗口。在其中双击"Remote Procedure Call"服务项，打开其属性窗口。在属性窗口中将启动类型设置为"禁用"，这样自下次开机开始 RPC 将不再开机启动，如图 2-16 所示。

另外，还可以在注册表编辑器中将 HKEY_LOCAL_MACHINE\SYSTEM\CurrentControlSet\Services\RpcSs 的 Start 的值由 4 变成 2，重新启动计算机，如图 2-17 所示。

图 2-16　"常规"选项卡

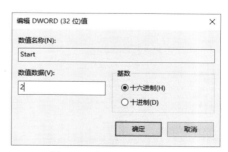

图 2-17　设置 Start 的值为 2

不过，进行这种设置后，将会给 Windows 的运行带来很大的影响，如 Windows 10 从登录系统到显示桌面画面，要等待相当长的时间。这是因为 Windows 的很多服务依赖于 RPC，在将 RPC 设置为无效后，这些服务将无法正常启动。所以，这种方式的弊端非常大，一般不能采用。

3. 手动为计算机启用（或禁用）DCOM

针对具体的 RPC 服务组件，用户还可以采用具体的方法进行防御。例如，禁用 RPC 服务组件中的 DCOM 服务。可以采用如下方式进行，这里以 Windows 10 操作系统为例，其具体的操作步骤如下。

Step 01 选择"开始"→"运行"选项，弹出"运行"对话框，输入 Dcomcnfg 命令，单击"确定"按钮，打开"组件服务"窗口，选择"控制台根目录"→"组件服务"→"计算机"→"我的电脑"选项，进入"我的电脑"文件夹。对于本地计算机，需要右击"我的电脑"选项，从弹出的快捷菜单中选择"属性"选项，如图 2-18 所示。

Step 02 弹出"我的电脑 属性"对话框，选择"默认属性"选项卡，进入"默认属性"设置界面，取消对"在此计算机上启用分布式 COM（E）"复选框的勾选，然后单击"确定"按钮即可，如图 2-19 所示。

图 2-18　"属性"选项

图 2-19　"我的电脑 属性"对话框

Step 03 若对于远程计算机，则需要右击"计算机"选项，从弹出的快捷菜单中选择"新建"→"计算机"选项，弹出"添加计算机"对话框，如图 2-20 所示。

Step 04 在"添加计算机"对话框中，直接输入计算机名或单击右侧的"浏览"按钮来搜索计算机，如图 2-21 所示。

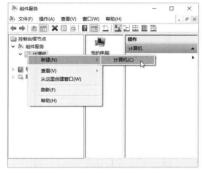

图 2-20　"计算机"选项

图 2-21　"添加计算机"对话框

2.3 WebDAV 缓冲区溢出漏洞

WebDAV 漏洞也是系统中常见的漏洞之一，黑客利用该漏洞进行攻击，可以获取系统管理员的最高权限。

2.3.1 认识 WebDAV 缓冲区溢出漏洞

WebDAV 缓冲区溢出漏洞出现的主要原因是 IIS 服务（Internet Information Server，互联网信息服务）默认提供了对 WebDAV 的支持。WebDAV 可以通过 HTTP 向用户提供远程文件存储的服务，但是该组件不能充分检查传递给部分系统组件的数据，这样远程攻击者利用这个漏洞就可以对 WebDAV 进行攻击，从而获得 LocalSystem 权限，进而完全控制目标主机。

微视频

2.3.2 WebDAV 缓冲区溢出漏洞入侵演示

下面简单介绍 WebDAV 缓冲区溢出攻击的过程。入侵之前攻击者需要准备两个程序，即 WebDAV 漏洞扫描器——WebDAVScan.exe 和溢出工具 webdavx3.exe，其具体的操作步骤如下。

Step01 下载并解压缩 WebDAV 漏洞扫描器，在解压后的文件夹中双击 WebDAVScan.exe 可执行文件，打开其操作主界面，在"起始 IP"和"结束 IP"文本框中输入要扫描的 IP 地址范围，如图 2-22 所示。

Step02 输入完毕后，单击"扫描"按钮，开始扫描目标主机，该程序运行速度非常快，可以准确地检测出远程 IIS 服务器是否存在 WebDAV 漏洞，在扫描列表中的 WebDAV 列中凡是标明 Enable 的则说明该主机存在漏洞，如图 2-23 所示。

图 2-22 设置 IP 地址范围

图 2-23 扫描结果

Step03 选择"开始"→"运行"选项，在弹出的"运行"对话框中输入 cmd 命令，单击"确定"按钮，打开"命令提示符"窗口，输入 cd c:\ 命令，进入 C 盘目录之中，如图 2-24 所示。

Step04 在 C 盘目录之中输入 webdavx3.exe 192.168.0.10 命令，并按 Enter 键，开始溢出攻击，如图 2-25 所示。

图 2-24 进入 C 盘目录

图 2-25 溢出攻击目标主机

其运行结果如下：

```
IIS WebDAV overflow remote exploit by isno@xfocus.org
start to try offset
if STOP a long time, you can press ^C and telnet 192.168.0.10  7788
try offset: 0
try offset: 1
try offset: 2
try offset: 3
waiting for iis restart.....................
```

Step 05 如果出现上面的结果则表明溢出成功，稍等两三分钟后，按 Ctrl+C 组合键结束溢出，再在"命令提示符"窗口中输入 telnet 192.168.0.10 7788 命令，当连接成功后，则就可以拥有目标主机的系统管理员权限，即可对目标主机进行任意操作，如图 2-26 所示。

Step 06 例如：在"命令提示符"窗口中输入 cd c:\ 命令，即可进入目标主机的 C 盘目录之下，如图 2-27 所示。

图 2-26　连接目标主机

图 2-27　进入目标主机中

2.3.3　修补 WebDAV 缓冲区溢出漏洞

微视频

如果不能立刻安装补丁或者升级，用户可以采取以下措施来降低威胁。

（1）使用微软提供的 IIS Lockdown 工具防止该漏洞被利用。

（2）可以在注册表中完全关闭 WebDAV 包括的 PUT 和 DELETE 请求，具体的操作步骤如下。

Step 01 启动注册表编辑器。在"运行"对话框中输入 regedit 命令，然后按 Enter 键，打开"注册表编辑器"窗口，如图 2-28 所示。

Step 02 在注册表中依次找到如下键：HKEY_ LOCAL_MACHINE\SYSTEM\CurrentControlSet\Services\W3SVC\Parameters，如图 2-29 所示。

图 2-28　"注册表编辑器"窗口

图 2-29　Parameters 项

Step03 选中该键值后右击，从弹出的快捷菜单中选择"新建"选项，即可新建一个项目，并将该项目命名为 DisableWebDAV，如图 2-30 所示。

Step04 选中新建的项目"DisableWebDAV"，在窗口右侧的"数值"下侧右击，从弹出的快捷菜单中选择"DWORD（32 位）值（D）"选项，如图 2-31 所示。

图 2-30　新建 DisableWebDAV　　　　　图 2-31　"DWORD（32 位）值（D）"选项

Step05 选择完毕后，即可在"注册表编辑器"窗口中新建一个键值，然后选择该键值，在弹出的快捷菜单中选择"修改"选项，弹出"编辑 DWORD（32 位）值"对话框，在"数值名称"文本框中输入 DisableWebDAV，在"数值数据"文本框中输入"1"，如图 2-32 所示。

Step06 单击"确定"按钮，即可在注册表中完全关闭 WebDAV 包括的 Put 和 Delete 请求，如图 2-33 所示。

图 2-32　输入数值数据 1

图 2-33　关闭 Put 和 Delete 请求

2.4　修补系统漏洞

要想防范系统的漏洞，首选就是及时为系统打补丁，下面介绍几种为系统打补丁的方法。

微视频

2.4.1　使用 Windows 更新修补漏洞

"Windows 更新"是系统自带的用于检测系统更新的工具，使用"Windows 更新"可以下载并安装系统更新，以 Windows 10 系统为例，具体的操作步骤如下。

Step01 单击"开始"按钮，在打开的菜单中选择"设置"选项，如图 2-34 所示。

Step02 打开"设置"窗口，在其中可以看到有关系统设置的相关功能，如图 2-35 所示。

图 2-34　"设置"选项

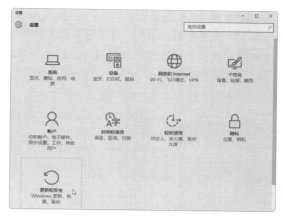

图 2-35　"设置"窗口

Step 03 单击"更新和安全"图标，打开"更新和安全"窗口，在其中选择"Windows 更新"选项，如图 2-36 所示。

Step 04 单击"检查更新"按钮，即可开始检查网上是否存在有更新文件，如图 2-37 所示。

图 2-36　"更新和安全"窗口

图 2-37　查询更新文件

Step 05 检查完毕后，如果存在更新文件，则会弹出如图 2-38 所示的信息提示，提示用户有可用更新，并自动开始下载更新文件。

Step 06 下载完成后，系统会自动安装更新文件，安装完毕后，会弹出如图 2-39 所示的信息对话框。

图 2-38　下载更新文件

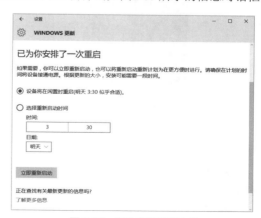

图 2-39　自动安装更新文件

Step07 单击"立即重新启动"按钮，立即重新启动计算机，重新启动完毕后，再次打开"Windows更新"窗口，在其中可以看到"你的设备已安装最新的更新"信息提示，如图2-40所示。

Step08 单击"高级选项"超链接，打开"高级选项"设置工作界面，在其中可以选择安装更新的方式，如图2-41所示。

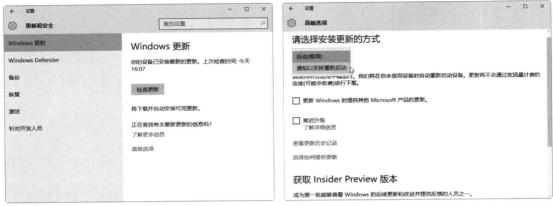

图 2-40　完成系统更新　　　　　　　　　　　图 2-41　选择更新方式

2.4.2　使用电脑管家修补漏洞

除使用 Windows 系统自带的 Windows 更新下载并及时为系统修复漏洞外，还可以使用第三方软件及时为系统下载并安装漏洞补丁，常用的有 360 安全卫士、优化大师等。

使用 360 安全卫士修复系统漏洞的具体操作步骤如下。

Step01 双击桌面上的电脑管家图标，打开"电脑管家"窗口，如图2-42所示。

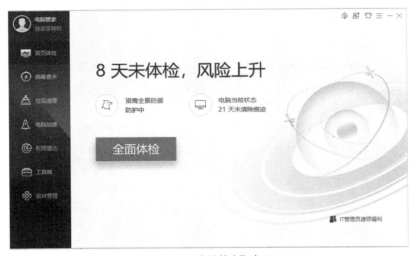

图 2-42　"电脑管家"窗口

Step02 选择"工具箱"选项，进入如图 2-43 所示的界面。

Step03 单击"修复漏洞"图标，电脑管家开始自动扫描系统中存在的漏洞，并在下面的界面中显示出来，用户在其中可以自主选择需要修复的漏洞，如图2-44所示。

Step04 单击"一键修复"按钮，开始修复系统存在的漏洞，如图2-45所示。

图 2-43　"工具箱"窗口

图 2-44　"系统修复"窗口

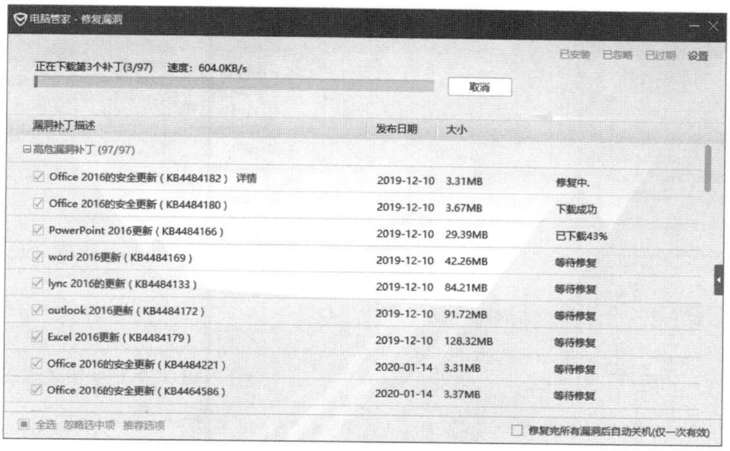

图 2-45　修复系统漏洞

Step05 修复完成后，则系统漏洞的状态变为"修复成功"，如图 2-46 所示。

图 2-46　成功修复系统漏洞

2.5　实战演练

2.5.1　实战 1：修补系统漏洞后手动重启

　　一般情况下，在 Windows 10 每次自动下载并安装好补丁后，就会每隔 10 分钟弹出窗口要求重启。如果不小心单击了"立即重新启动"按钮，则有可能会影响当前计算机操作的资料。那么如何才能不让 Windows 10 安装完补丁后不自动弹出"重新启动"的信息对话框呢？具体的操作步骤如下。

　　Step01 单击"开始"按钮，在弹出的快捷菜单中选择"所有程序"→"附件"→"运行"选项，弹出"运行"对话框，在"打开"文本框中输入 gpedit.msc，如图 2-47 所示。

　　Step02 单击"确定"按钮，即可打开"本地组策略编辑器"窗口，如图 2-48 所示。

图 2-47　"运行"对话框

图 2-48　"本地组策略编辑器"窗口

　　Step03 在窗口的左侧依次选择"计算机配置"→"管理模板"→"Windows 组件"选项，如图 2-49 所示。

　　Step04 展开"Windows 组件"选项，在其子菜单中选择"Windows 更新"选项。此时，在右侧的窗格中将显示 Windows 更新的所有设置，如图 2-50 所示。

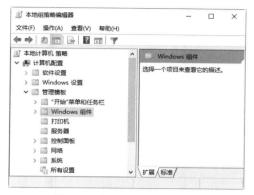

图 2-49　"Windows 组件"选项

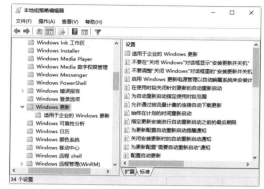

图 2-50　"Windows 更新"选项

Step05 在右侧的窗格中选中"对于有已登录用户的计算机，计划的自动更新安装不执行重新启动"选项并右击，从弹出的快捷菜单中选择"编辑"选项，如图 2-51 所示。

Step06 弹出"对于有已登录用户的计算机，计划的自动更新安装不执行重新启动"对话框，在其中选中"已启用"单选按钮，如图 2-52 所示。

图 2-51　"编辑"选项

图 2-52　"已启用"单选按钮

Step07 单击"确定"按钮，返回"组策略编辑器"窗口中，此时用户即可看到"对于有已登录用户的计算机，计划的自动更新安装不执行重新启动"选择的状态是"已启用"。这样，在自动更新完补丁后，将不会再弹出重新启动计算机的信息对话框，如图 2-53 所示。

图 2-53　"已启用"状态

2.5.2　实战 2：关闭开机多余启动项目

在计算机启动的过程中，自动运行的程序称为开机启动项，有时一些木马程序会在开机时就运行，用户可以通过关闭开机启动项来提高系统安全性，具体的操作步骤如下。

Step01 按 Ctrl+Alt+Delete 组合键，打开如图 2-54 所示的界面。

Step02 选择"任务管理器"选项，打开"任务管理器"窗口，如图 2-55 所示。

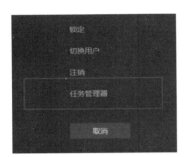

图 2-54　"任务管理器"选项

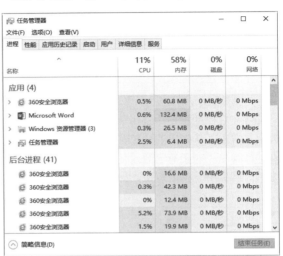

图 2-55　"任务管理器"窗口

Step03 选择"启动"选项卡，进入"启动"界面，在其中可以看到系统中的开机启动项列表，如图 2-56 所示。

Step04 选择开机启动项列表中需要禁用的启动项，单击"禁用"按钮，即可禁止该启动项开机自启，如图 2-57 所示。

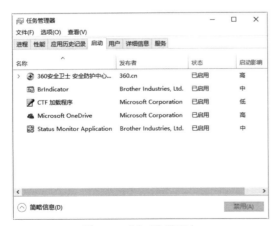

图 2-56　"启动"选项卡

图 2-57　禁止开机启动项

第<big>3</big>章

计算机病毒与木马的安全防护

随着信息化社会的发展，计算机病毒的威胁日益严重，反病毒的任务也更加艰巨。本章就来介绍计算机病毒的防护策略，主要内容包括什么是病毒、常见的病毒种类以及如何防御病毒的危害等内容。

3.1 认识计算机病毒

随着网络的普及，病毒也更加泛滥，它对计算机有着强大的控制和破坏能力，能够盗取目标主机的登录账户和密码、删除目标主机的重要文件、重新启动目标主机、使目标主机系统瘫痪等。因此，熟知病毒的相关内容就显得非常重要。

3.1.1 计算机病毒的种类

平常所说的计算机病毒是人们编写的一种特殊的计算机程序。病毒能通过修改计算机内的其他程序，并把自身复制到其他程序中，从而完成对其他程序的感染和侵害。之所以称其为"病毒"，是因为它具有与微生物病毒类似的特征：在计算机系统内生存，在计算机系统内传染，还能进行自我复制，并且抢占计算机系统资源，干扰计算机系统正常的工作。

计算机病毒有很多种，主要有以下几类，如表 3-1 所示。

表 3-1　计算机病毒分类

病　　毒	病　毒　特　症
文件型病毒	这种病毒会将它自己的代码附上可执行文件（.exe、.com、.bat 等）
引导型病毒	引导型病毒包括两类：一类是感染分区的，另一类是感染引导区的
宏病毒	一种寄存在文档或模板中的计算机病毒；打开文档，宏病毒会被激活，破坏系统和文档的运行
其他类	例如一些最新的病毒使用网站和电子邮件传播，它们隐藏在 Java 和 ActiveX 程序里面，如果用户下载了含有这种病毒的程序，它们便立即开始破坏活动

3.1.2 计算机中病毒的途径

常见计算机中病毒的途径有以下几种。

（1）单击超级链接中病毒。这种入侵方法主要是在网页中放置恶意代码来引诱用户来点击，一旦用户点击超链接，就会感染病毒，因此，不要随便点击网页中的链接。

（2）网站中存在各种恶意代码，借助 IE 等浏览器的漏洞，强制用户安装一些恶意软件，有些顽固的软件很难卸载。建议用户及时更新系统补丁，对于不了解的插件不要随便安装，以免给病毒流行以可乘之机。

（3）通过下载附带病毒的软件中病毒，有些破解的软件在安装时会附带安装一下病毒程序，而此时用户并不知道。建议用户下载正版的软件，尽量到软件的官方网站去下载。如果在其他的网站上载了软件，可以使用杀毒软件先查杀一遍。

（4）通过网络广告中病毒。上网时经常可以看到一些自动弹出的广告，包括悬浮广告、异常图片等。特别是一些中奖广告，往往带有病毒链接。

3.1.3　计算机中病毒后的表现

一般情况下，计算机病毒依附某一系统软件或用户程序进行繁殖和扩散。病毒发作时危机计算机的正常工作，破坏数据与程序，侵占计算机资源等。

计算机在感染病毒后的现象为：

（1）屏幕显示异常，显示出的不是由正常程序产生的画面或字符串，显示混乱。

（2）程序装入时间增长，文件运行速度下降。

（3）用户没有访问的设备出现"忙"信号。

（4）磁盘中出现莫名其妙的文件和磁盘坏区，卷标也发生变化。

（5）系统自行引导。

（6）丢失数据或程序，文件字节数发生变化。

（7）内存空间、磁盘空间减少。

（8）异常死机。

（9）磁盘访问时间比平常增长。

（10）系统引导时间增长。

（11）程序或数据神秘丢失。

（12）可执行文件的大小发生变化。

（13）出现莫名其妙的隐藏文件。

3.2　查杀计算机病毒

当计算机出现了中毒后的特征后，就需要查杀病毒。目前流行的杀毒软件很多，360 杀毒是当前使用比较广泛的杀毒软件之一，该软件引用双引擎的机制，拥有完善的病毒防护体系，不但查杀能力出色，而且对于新产生病毒木马能够第一时间进行防御。

3.2.1　安装杀毒软件

360 杀毒软件下载完成后，即可进行杀毒软件安装，具体的操作步骤如下。

Step 01 双击下载的 360 杀毒软件安装程序，打开如图 3-1 所示的安装界面。

微视频

图 3-1　360 杀毒安装界面

Step02 单击"立即安装"按钮，开始安装 360 杀毒软件，并显示安装的进度，如图 3-2 所示。

Step03 安装完毕后，打开 360 杀毒主界面，从而完成 360 杀毒的安装，如图 3-3 所示。

图 3-2　安装进度

图 3-3　完成安装

3.2.2　升级病毒库

微视频

病毒库其实就是一个数据库，里面记录着计算机病毒的种种特征，以便及时发现并绞杀它们。只有拥有了病毒库，杀毒软件才能区分病毒和普通程序之间的区别。

新病毒层出不穷。可以说每天都有难以计数的新病毒产生。想要让计算机能够对新病毒有所防御，就必须要保证本地杀毒软件的病毒库一直处于最新版本。下面以"360 杀毒"的病毒库升级为例进行介绍，具体的操作步骤如下。

1. 手动升级病毒库

升级 360 杀毒病毒库的具体操作步骤如下。

Step01 单击 360 杀毒主界面的"检查更新"链接，如图 3-4 所示。

Step02 弹出"360 杀毒 - 升级"对话框，提示用户正在升级，并显示升级的进度，如图 3-5 所示。

图 3-4　360 杀毒工作界面

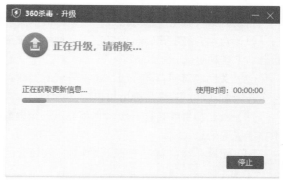

图 3-5　升级病毒库

Step03 升级完成后，弹出"360 杀毒 - 升级"对话框，提示用户升级成功完成，并显示程序的版本等信息，单击"关闭"按钮，即可完成病毒库的更新，如图 3-6 所示。

2. 制定病毒库升级计划

为了减去用户实时操心病毒更新的问题，可以给杀毒软件制定一个病毒库自动更新的计划。

Step01 打开 360 杀毒的主界面，单击右上角的"设置"链接，如图 3-7 所示。

Step02 弹出"设置"对话框，用户可以通过选择"常规设置""病毒扫描设置""实时防护设置""升级设置""系统白名单"和"免打扰设置"等选项，详细地设置杀毒软件的参数，如图 3-8 所示。

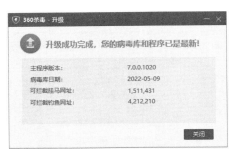

图 3-6　完成病毒库的升级

图 3-7　"设置"超链接

Step 03 选择"升级设置"选项，在弹出的对话框中用户可以设置自动升级设置和代理服务器设置，设置完成后单击"确定"按钮，如图 3-9 所示。

图 3-8　"设置"对话框

图 3-9　"升级设置"界面

自动升级设置由 3 部分组成，用户可根据需求自行选择。

（1）自动升级病毒特征库及程序：选中该项后，只要 360 杀毒程序发现网络上有新的病毒库，就会马上自动更新。

（2）关闭病毒库自动升级，每次升级时提醒：网络上有版本升级时，不直接更新，而是给用户一个升级对话框，升级与否由用户自己决定。

（3）关闭病毒库自动升级，也不显示升级提醒：网络上有版本升级时，不进行病毒库升级，也不显示提醒信息。

（4）定时升级：制定一个升级计划，在每天的指定时间直接连接网络上的更新版本进行升级。

注意：一般不建议读者对代理服务器设置项进行设置。

3.2.3　设置定期杀毒

微视频

计算机通过长期的使用，可能会隐藏许多的病毒程序。为了消除隐患，应该定时给计算机进行全面的杀毒。抛去遗忘的顾虑，给杀毒软件设置一个查杀计划是很有必要的。以 360 杀毒软件为例进行介绍，具体的操作步骤如下。

Step 01 单击 360 杀毒右上角"设置"链接，如图 3-10 所示。

Step 02 弹出"设置"对话框，选择"病毒扫描设置"选项，在"定时查毒"项中进行设置，如图 3-11 所示。

图 3-10　360 杀毒主界面　　　　　　　　图 3-11　"病毒扫描设置"选项

（1）启用定时查毒：开启或关闭定时查毒功能。

（2）扫描类型：设置扫描的方法，也可以说是范围，主要有"快速扫描"和"全盘扫描"两种。

（3）每天：制定每天一次的查杀计划。选择该选项后，可进行时间调整。

（4）每周：制定每周一次的查杀计划。选择该选项后，可以设置星期和时间。

（5）每月：制定每月一次的查杀计划。选择该选项后，可以设置日期和时间。

3.2.4　快速查杀病毒

一旦发现计算机运行不正常，用户应首先分析原因，然后利用杀毒软件进行杀毒操作。下面以
360 杀毒查杀病毒为例讲解如何利用杀毒软件杀毒。

微视频

使用 360 杀毒软件杀毒的具体操作步骤如下。

Step01 启动 360 杀毒。360 杀毒为用户提供了 3 种查杀病毒的方式，即快速扫描、全盘扫描和
自定义扫描，如图 3-12 所示。

Step02 这里选择快速扫描方式，单击"快速扫描"按钮，开始扫描系统中病毒文件，如图 3-13
所示。

图 3-12　选择杀毒方式

图 3-13　快速扫描

Step03 在扫描的过程中，如果发现木马病毒，则会在下面的空格中显示扫描出来的木马病毒，
并列出其危险程度和相关描述信息，如图 3-14 所示。

Step04 单击"立即处理"按钮，删除扫描出来的木马病毒或安全威胁对象，如图 3-15 所示。

Step05 单击"确定"按钮，返回 360 杀毒窗口，在其中显示了被 360 杀毒处理的项目，如图 3-16
所示。

图 3-14 扫描完成

图 3-15 显示高危风险项

Step 06 单击"隔离区"超链接，弹出"360 恢复区"对话框，在其中显示了被 360 杀毒处理的项目，如图 3-17 所示。

图 3-16 处理病毒文件

图 3-17 "360 恢复区"对话框

Step 07 勾选"全选"复选框，选中所有恢复区的项目，如图 3-18 所示。

Step 08 单击"清空恢复区"按钮，弹出一个信息对话框，提示用户是否确定要一键清空恢复区的所有隔离项，如图 3-19 所示。

图 3-18 选中所有恢复区的项目

图 3-19 信息对话框

Step 09 单击"确定"按钮，开始清除恢复区所有的项目，并显示清除的进度，如图 3-20 所示。

Step 10 清除恢复区所有项目完毕后，将返回"360 恢复区"对话框，如图 3-21 所示。

另外，使用 360 杀毒还可以对系统进行全盘杀毒。只需在病毒查杀选项卡下单击"全盘扫描"按钮，全盘扫描和快速扫描类似，这里不再详述。

图 3-20　清除恢复区所有的项目

图 3-21　"360 恢复区"对话框

3.2.5　自定义查杀病毒

下面再来介绍一下如何对指定位置进行病毒的查杀，具体的操作步骤如下。

Step01 在 360 杀毒工作界面中单击"自定义扫描"按钮，如图 3-22 所示。

Step02 弹出"选择扫描目录"对话框，在需要扫描的目录或文件前勾选相应的复选框，这里勾选"Windows10（C）"复选框，如图 3-23 所示。

微视频

图 3-22　选择"自定义扫描"

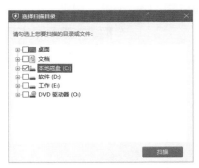

图 3-23　"选择扫描目录"对话框

Step03 单击"扫描"按钮，开始对指定目录进行扫描，如图 3-24 所示。

图 3-24　扫描指定目录

Step04 其余步骤和快速查杀相似，这里不再详细介绍。

提示：大部分杀毒软件查杀病毒的方法比较相似，用户可以利用自己的杀毒软件进行类似的病毒查杀操作。

微视频

3.2.6　查杀宏病毒

使用 360 杀毒还可以对宏病毒进行查杀，具体的操作步骤如下。

Step 01 在 360 杀毒的主界面中单击"宏病毒扫描"图标，如图 3-25 所示。

Step 02 弹出"360 杀毒"对话框，提示用户扫描前需要关闭已经打开的 Office 文档，如图 3-26 所示。

图 3-25　选择"宏病毒扫描"图标

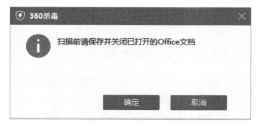

图 3-26　信息对话框

Step 03 单击"确定"按钮，开始扫描计算机中的宏病毒，并显示扫描的进度，如图 3-27 所示。

图 3-27　显示扫描进度

Step 04 扫描完成后，对扫描出来的宏病毒进行处理，这与快速查杀相似，这里不再详细介绍。

微视频

3.2.7　在安全模式下查杀病毒

安全模式的工作原理是在不加载第三方设备驱动程序的情况下启动计算机，使计算机运行在系统最小模式，这样用户就可以方便地查杀病毒，还可以检测与修复计算机系统的错误。下面以 Windows 10 操作系统为例来介绍在安全模式下查杀并修复系统错误的方法。

具体的操作步骤如下。

Step 01 按 Windows+R 组合键，弹出"运行"对话框，在"打开"文本框中输入 msconfig 命令，单击"确定"按钮，如图 3-28 所示。

Step 02 弹出"系统配置"对话框，选择"引导"选项卡，在"引导"选项卡下，勾选"安全引导"复选框和选中"最小"单选按钮，如图 3-29 所示。

图 3-28　"运行"对话框

图 3-29　"系统配置"对话框

Step03 单击"确定"按钮，进入系统的安全模式，如图 3-30 所示。

Step04 进入安全模式后，运行杀毒软件，进行病毒的查杀，如图 3-31 所示。

图 3-30　系统的安全模式

图 3-31　查杀病毒

3.3　认识计算机木马

在计算机领域中，木马是一类恶意程序，具有隐蔽性和自发性等特性，可被用来进行恶意攻击。

3.3.1　常见的木马类型

木马又被称为特洛伊木马，是一种基于远程控制的黑客工具。在黑客进行的各种攻击行为中，木马都起到了开路先锋的作用。一台计算机一旦中了木马，就变成了一台傀儡机，对方可以在目标计算机中上传或下载文件、偷窥私人文件、偷取各种密码及口令信息等。可以说，该计算机的一切秘密都将暴露在黑客面前，隐私将不复存在！

随着网络技术的发展，现在的木马可谓形形色色，种类繁多，并且还在不断增加。因此，要想一次性列举出所有的木马种类，是不可能的。但是，从木马的主要攻击能力来划分，常见的木马主要有以下几种类型。

1. 网络游戏木马

由于网络游戏中的金钱、装备等虚拟财富与现实财富之间的界限越来越模糊，因此，以盗取网络游戏账号密码为目的的木马也随之发展泛滥起来。网络游戏木马通常采用记录用户键盘输入、游戏进程、API 函数等方法获取用户的密码和账号，窃取到的信息一般通过发送电子邮件或向远程脚本程序提交的方式发送给木马制作者。

2. 网银木马

网银木马是针对网上交易系统编写的木马，其目的是盗取用户的卡号、密码等信息。此类木马的危害非常直接，受害用户的损失也更加惨重。

网银木马通常针对性较强，木马作者可能首先对某银行的网上交易系统进行仔细分析，然后针对安全薄弱环节编写病毒程序。如"网银大盗"木马，在用户进入银行网银登录界面时，会自动把界面换成安全性能较差、但依然能够运转的旧版界面，然后记录用户在此界面上填写的卡号和密码。随着网上交易的普及，受到外来网银木马威胁的用户也在不断增加。

3. 即时通信软件木马

现在，即时通信软件百花齐放，如 QQ、微信等，而且网上聊天的用户群也十分庞大，常见的即时通信类木马一般有发送消息型与盗号型。

（1）发送消息型：通过即时通信软件自动发送含有恶意网址的消息，目的在于让收到消息的用户点击网址激活木马，用户中木马后又会向更多好友发送木马消息，此类木马常用技术是搜索聊天窗口，进而控制该窗口自动发送文本内容。

（2）盗号型木马：主要目标在于即时通信软件的登录账号和密码，工作原理和网络游戏木马类似。木马作者盗得他人账号后，可以偷窥聊天记录等隐私内容。

4. 破坏性木马

顾名思义，破坏性木马唯一的功能就是破坏感染木马的计算机文件系统，使其蒙受系统崩溃或者重要数据丢失的巨大损失。

5. 代理木马

代理木马最重要的任务是给被控制的"肉鸡"种上代理木马，让其变成攻击者发动攻击的跳板。通过这类木马，攻击者可在匿名情况下使用 Telnet、ICO、IRC 等程序，从而在入侵的同时隐蔽自己的踪迹，谨防别人发现自己的身份。

6. FTP木马

FTP 木马的唯一功能就是打开 21 端口并等待用户连接，新 FTP 木马还加上了密码功能，这样只有攻击者本人才知道正确的密码，从而进入对方的计算机。

7. 反弹端口型木马

反弹端口型木马的服务端（被控制端）使用主动端口，客户端（控制端）使用被动端口，正好与一般木马相反。木马定时监测控制端的存在，发现控制端上线立即弹出，主动连接控制端打开的主动端口。

3.3.2　木马常用的入侵方法

木马程序千变万化，但大多数木马程序并没有特别的功能，入侵方法大致相同。常见的入侵方法有以下几种。

1. 在Win.ini文件中加载

Win.ini 文件位于 C:\Windows 目录下，在文件的 [windows] 段中有启动命令 run= 和 load=，一般此两项为空，如果等号后面存在程序名，则可能就是木马程序。应特别当心，这时可根据其提供的源文件路径和功能做进一步检查。

这两项分别是用来当系统启动时自动运行和加载程序的，如果木马程序加载到这两个子项中，系统启动后即可自动运行或加载木马程序。这两项是木马经常攻击的方向，一旦攻击成功，还会在现有加载的程序文件名之后再加一个它自己的文件名或者参数，这个文件名也往往是常见的，如

command.exe、sys.com 等来伪装。

2. 在System.ini文件中加载

System.ini 位于 C:\Windows 目录下，其 [boot] 字段的 shell=Explorer.exe 是木马喜欢的隐藏加载地方。如果 shell=Explorer.exe file.exe，则 file.exe 就是木马服务端程序。

另外，在 System.ini 中的 [386Enh] 字段中，要注意检查字段内的 driver ＝路径 \ 程序名也有可能被木马所利用。再有就是 System.ini 中的"mic""drivers""drivers32"这 3 个字段，也是起加载驱动程序的作用，但也是增添木马程序的好场所。

3. 隐藏在启动组中

有时木马并不在乎自己的行踪，而在意是否可以自动加载到系统中。启动组无疑是自动加载运行木马的好场所，其对应文件夹为 C:\Windows\startmenu\programs\startup。在注册表中的位置是：HKEY_CURRENT_USER\Software\Microsoft\Windows\Current Version\Explorer\shell Folders Startup="c:\Windows\start menu\programs\startup"，所以要检查检查启动组。

4. 加载到注册表中

由于注册表比较复杂，所以很多木马都喜欢隐藏在这里。木马一般会利用注册表中的下面的几个子项来加载。

HKEY_LOCAL_MACHINE\Software\Microsoft\Windows\Current Version\RunServersOnce；

HKEY_LOCAL_MACHINE\Software\Microsoft\Windows\Current Version\Run；

HKEY_LOCAL_MACHINE\Software\Microsoft\Windows\Current Version\RunOnce；

HKEY_CURRENT_USER\Software\Microsoft\Windows\Current Version\Run；

HKEY_ CURRENT_USER\Software\Microsoft\Windows\Current Version\RunOnce；

HKEY_ CURRENT_USER\Software\Microsoft\Windows\Current Version\RunServers；

5. 修改文件关联

修改文件关联也是木马常用的入侵手段，当用户一旦打开已修改了文件关联的文件后，木马也随之被启动，如冰河木马就是利用文本文件（.txt）这个最常见但又最不引人注目的文件格式关联来加载自己，当中了该木马的用户打开文本文件时就自动加载了冰河木马。

6. 设置在超链接中

这种入侵方法主要是在网页中放置恶意代码来引诱用户点击，一旦用户点击超链接，就会感染木马，因此，不要随便点击网页中的链接。

3.4　木马常用的伪装手段

由于木马的危害性比较大，所以很多用户对木马也有了初步的了解，这在一定程度上阻拦了木马的传播。这是运用木马进行攻击的黑客所不愿意看到的。因此，黑客们往往会使用多种方法来伪装木马，迷惑用户的眼睛，从而达到欺骗用户的目的。木马常用的伪装手段很多，如伪装成可执行文件、网页、图片、电子书等。

3.4.1　伪装成可执行文件

微视频

利用 EXE 捆绑机可以将木马与正常的可执行文件捆绑在一起，从而使木马伪装成可执行文件，运行捆绑后的文件等于同时运行了两个文件。将木马伪装成可执行文件的具体操作步骤如下。

Step01 下载并解压缩 EXE 捆绑机，双击其中的可执行文件，打开"EXE 捆绑机"主界面，如图 3-32 所示。

Step02 单击"点击这里 指定第一个可执行文件"按钮，弹出"请指定第一个可执行文件"对话框，在其中选择第一个可执行文件，如图 3-33 所示。

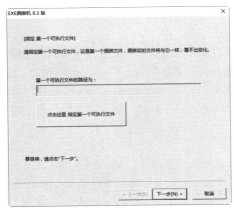

图 3-32 "EXE 捆绑机"主界面

图 3-33 "请指定第一个可执行文件"对话框

Step03 单击"打开"按钮，返回"指定 第一个可执行文件"对话框，如图 3-34 所示。

Step04 单击"下一步"按钮，弹出"指定 第二个可执行文件"对话框，如图 3-35 所示。

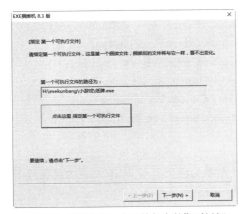

图 3-34 "指定 第一个可执行文件"对话框

图 3-35 "指定 第二个可执行文件"对话框

Step05 单击"点击这里 指定第二个可执行文件"按钮，弹出"请指定第二个可执行文件"对话框，在其中选择已经制作好的木马文件，如图 3-36 所示。

Step06 单击"打开"按钮，返回"指定 第二个可执行文件"对话框，如图 3-37 所示。

图 3-36 选择制作好的木马文件

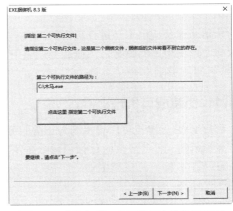

图 3-37 "指定 第二个可执行文件"对话框

Step 07 单击"下一步"按钮，弹出"指定 保存路径"对话框，如图 3-38 所示。

Step 08 单击"点击这里 指定保存路径"按钮，弹出"保存为"对话框，在"文件名"文本框中输入可执行文件的名称，并设置文件的保存类型，如图 3-39 所示。

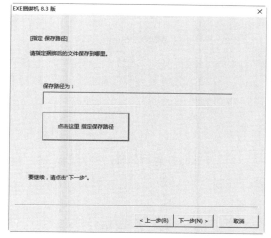

图 3-38　"指定 保存路径"对话框

图 3-39　"保存为"对话框

Step 09 单击"保存"按钮，指定捆绑后文件的保存路径，如图 3-40 所示。

Step 10 单击"下一步"按钮，弹出"选择版本"对话框，在"版本类型"下拉列表中选择"普通版"选项，如图 3-41 所示。

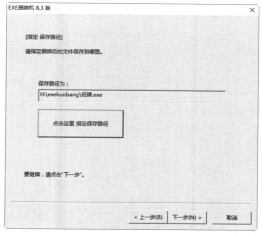

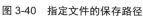

图 3-40　指定文件的保存路径

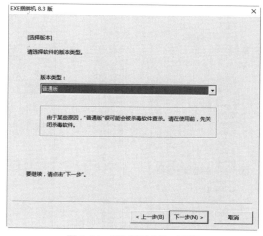

图 3-41　"选择版本"对话框

Step 11 单击"下一步"按钮，弹出"捆绑文件"对话框，提示用户开始捆绑第一个可执行文件与第二个可执行文件，如图 3-42 所示。

Step 12 单击"点击这里 开始捆绑文件"按钮，开始进行文件的捆绑。待捆绑结束之后即可看到"捆绑文件成功"对话框。单击"确定"按钮，结束文件的捆绑，如图 3-43 所示。

提示：黑客可以使用木马捆绑技术将一个正常的可执行文件和木马捆绑在一起。一旦用户运行这个包含有木马的可执行文件，就可以通过木马控制或攻击用户的计算机。

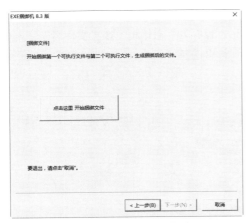

图 3-42 "捆绑文件"对话框

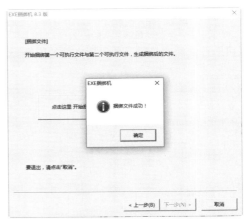

图 3-43 "捆绑文件成功"对话框

3.4.2 伪装成自解压文件

微视频

利用 WinRAR 的压缩功能可以将正常的文件与木马捆绑在一起，并生成自解压文件，一旦用户运行该文件，同时也会激活木马文件，这也是木马常用的伪装手段之一，具体的操作步骤如下。

Step01 准备好要捆绑的文件，这里选择是一个蜘蛛纸牌和木马文件（木马 .exe），并存放在同一个文件夹下，如图 3-44 所示。

Step02 选中蜘蛛纸牌和木马文件（木马 .exe）所在的文件夹并右击，从弹出的快捷菜单中选择"添加到压缩文件"选项，如图 3-45 所示。

图 3-44 "捆绑文件"对话框

图 3-45 "捆绑文件成功"对话框

Step03 随即弹出"压缩文件名和参数"对话框。在"压缩文件名"文本框中输入要生成的压缩文件的名称，并勾选"创建自解压格式压缩文件"复选框，如图 3-46 所示。

Step04 选择"高级"选项卡，在其中勾选"保存文件安全数据""保存文件流数据""后台压缩""完成操作后关闭计算机电源""如果其他 WinRAR 副本被激活则等待"复选框，如图 3-47 所示。

Step05 单击"自解压选项"按钮，弹出"高级自解压选项"对话框，在"解压路径"文本框中输入解压路径，并选中"在当前文件夹中创建"单选按钮，如图 3-48 所示。

Step06 选择"模式"选项卡，在其中选中"全部隐藏"单选按钮，这样可以增加木马程序的隐蔽性，如图 3-49 所示。

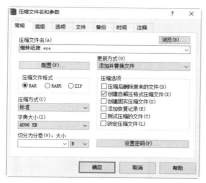

图 3-46　"常规"选项卡

图 3-47　"高级"选项卡

图 3-48　"高级自解压选项"对话框

图 3-49　"模式"选项卡

Step07 为了更好地迷惑用户，还可以在"文本和图标"选项卡下设置自解压窗口标题、自解压文件图标等，如图 3-50 所示。

Step08 设置完毕后，单击"确定"按钮，返回"压缩文件名和参数"对话框。在"注释"选项卡中可以看到自己所设置的各项，如图 3-51 所示。

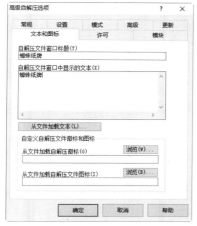

图 3-50　"文本和图标"选项卡

图 3-51　"注释"选项卡

Step09 单击"确定"按钮，生成一个名为"蜘蛛纸牌"自解压的压缩文件。这样用户一旦运行该文件后就会中木马，如图 3-52 所示。

图 3-52　自解压压缩文件

3.4.3　伪装成图片

微视频

将木马伪装成图片是许多木马制造者常用来骗别人执行木马的方法，例如将木马伪装成 GIF、JPG 等格式的文件，这种方式可以使很多人中招。用户可以使用图片木马生成器工具将木马伪装成图片，具体的操作步骤如下。

Step01 下载并运行"图片木马生成器"程序，打开"图片木马生成器"主窗口，如图 3-53 所示。

Step02 在"网页木马地址"和"真实图片地址"文本框中分别输入网页木马和真实图片地址；在"选择图片格式"下拉列表中选择 jpg 选项，如图 3-54 所示。

Step03 单击"生成"按钮，随即弹出"图片木马生成完毕"对话框，单击"确定"按钮，关闭该对话框，这样只要打开该图片，就可以自动把该地址的木马下载到本地并运行，如图 3-55 所示。

图 3-53　"图片木马生成器"主窗口

图 3-54　设置图片信息

图 3-55　信息对话框

3.4.4　伪装成网页

微视频

网页木马实际上是一个 HTML 网页。与其他网页不同，该网页是黑客精心制作的，用户一旦访问了该网页就会中木马，下面以最新网页木马生成器为例介绍制作网页木马的过程。

提示：在制作网页木马之前，必须有一个木马服务器端程序，在这里使用生成木马程序文件名为"muma.exe"。

Step01 运行"最新网页木马生成器"主程序后，打开其主界面，如图 3-56 所示。

Step02 单击"选择木马"文本框右侧"浏览"按钮，弹出"另存为"对话框，在其中选择刚才准备的木马文件（木马 .exe），如图 3-57 所示。

图 3-56　"最新网页木马生成器"主窗口

图 3-57　"另存为"对话框

Step03 单击"保存"按钮，返回"最新网页木马生成器"主界面。在"网页目录"文本框中输入相应的网址，如 http://www.index.com/，如图 3-58 所示。

Step04 单击"生成目录"文本框右侧"浏览"按钮，弹出"浏览文件夹"对话框，在其中选择生成目录保存的位置，如图 3-59 所示。

图 3-58　输入网址

图 3-59　"浏览文件夹"对话框

Step05 单击"确定"按钮，返回"最新网页木马生成器"主界面，如图 3-60 所示。

Step06 单击"生成"按钮，弹出一个信息对话框，提示用户网页木马创建成功！单击"确定"按钮，成功生成网页木马，如图 3-61 所示。

图 3-60　"最新网页木马生成器"主界面

图 3-61　信息对话框

Step07 在"动鲨网页木马生成器"目录下的"动鲨网页木马"文件夹中将生成 bbs003302.css、bbs003302.gif 以及 index.htm 等 3 个网页木马。其中 index.htm 是网站的首页文件，而另外两个是调用文件，如图 3-62 所示。

Step08 将生成的 3 个木马上传到前面设置的存在木马的 Web 文件夹中，当浏览者一旦打开这个网页，浏览器就会自动在后台下载指定的木马程序并开始运行。

图 3-62 "动鲨网页木马"文件夹

提示：在设置存放木马的 Web 文件夹路径时，设置的路径必须是某个可访问的文件夹，一般位于自己申请的一个免费网站上。

3.5 检测与查杀木马

木马是黑客最常用的攻击方法，从而影响网络和计算机的正常运行，其危害程度越来越严重，主要表现在于其对计算机系统有强大的控制和破坏能力，如窃取主机的密码、控制目标主机的操作系统和文件等。

3.5.1 通过进程检测木马

微视频

由于木马也是一个应用程序，一旦运行，就会在计算机系统的内存中驻留进程。因此，用户可以通过系统自带的 Windows 任务管理器来检测系统中是否存在木马进程。具体的操作步骤如下。

Step01 在 Windows 系统中，按 Ctrl+Alt+Delete 组合键，打开"Windows 任务管理器"窗口，如图 3-63 所示。

Step02 选择"进程"选项卡，选中某个进程并右击，从弹出的快捷菜单中选择相应的选项，对进程进行相应的管理操作，如图 3-64 所示。

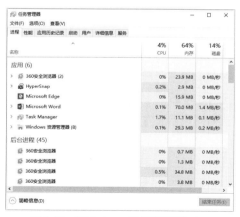

图 3-63 "Windows 任务管理器"窗口

图 3-64 "进程"选项卡

另外，用户还可以利用进程管理软件来检查系统进程并发现木马。常用的工具软件是"Windows 进程管理器"，该软件可以更全面地实现对进程进行管理。其最大的特点是包含了几乎全部的 Windows 系统进程和大量的常用软件进程，以及不少的病毒和木马进程。

使用 Windows 进程管理器查询系统中的木马的使用步骤如下。

Step01 下载并解压缩 Windows 进程管理器软件后，其包含的文件 4 个文件，如图 3-65 所示。

Step **02** 双击补丁文件夹，打开"补丁"文件夹，在其中可以看到 Windows 进程管理器的补丁程序和补丁说明文件，如图 3-66 所示。

图 3-65　Windows 进程管理器文件夹

图 3-66　"补丁"文件夹

Step **03** 双击补丁应用程序，弹出"Windows 进程管理器 补丁程序"对话框，在其中显示了补丁介绍以及详细信息，如图 3-67 所示。

Step **04** 单击"应用补丁"按钮应用补丁程序，并弹出"提示"对话框，提示用户补丁应用成功，如图 3-68 所示。

图 3-67　补丁信息

图 3-68　对话框

Step **05** 单击"确定"按钮，关闭"提示"对话框。然后双击 Windows 进程管理器启动程序，打开"Windows 进程管理器"窗口。其中显示了系统当前正在运行的所有进程，与"Windows 任务管理器"窗口中的进程列表是完全相同的，如图 3-69 所示。

Step **06** 在列表中选择其中一个进程选项之后，单击"描述"按钮，可看到该进程的详细信息，如图 3-70 所示。

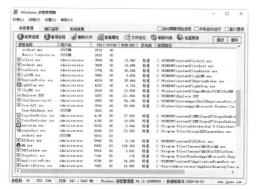

图 3-69　系统进程信息

图 3-70　进程的详细信息

Step 07 单击"模块"按钮，可查看该进程的进程模块，如图 3-71 所示。

Step 08 在进程列表中右击某个进程，在其中可以对进行结束、暂停、查看属性、删除文件等操作，如图 3-72 所示。

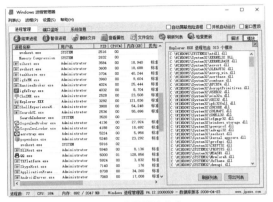

图 3-71　进程模块信息　　　　　　　　　图 3-72　结束进程

提示：按进程的安全等级进行了区分。

① 黑色表示的是正常进程（正常的系统或应用程序进程，安全）。

② 蓝色表示可疑进程（容易被病毒或木马利用的正常进程，需要留心）。

③ 红色表示病毒或木马进程（危险）。

3.5.2　使用《360 安全卫士》查杀木马

使用《360 安全卫士》可以查询系统中的顽固木马病毒文件，以保证系统安全，使用《360 安全卫士》查杀顽固木马病毒的操作步骤如下。

Step 01 在《360 安全卫士》的工作界面中单击"木马查杀"按钮，进入 360 安全卫士木马病毒查杀工作界面，在其中可以看到《360 安全卫士》为用户提供了 3 种查杀方式，如图 3-73 所示。

图 3-73　360 安全卫士

Step 02 单击"快速查杀"按钮，开始快速扫描系统关键位置，如图 3-74 所示。

Step 03 扫描完成后，会给出扫描结果。对于扫描出来的危险项，用户可以根据实际情况自行清理，也可以直接单击"一键处理"按钮，对扫描出来的危险项进行处理，如图 3-75 所示。

Step 04 单击"一键处理"按钮，开始处理扫描出来的危险项。处理完成后，弹出"360 木马查杀"对话框，在其中提示用户处理成功，如图 3-76 所示。

图 3-74 扫描木马信息

图 3-75 扫描出的危险项

图 3-76 "360 木马查杀"对话框

3.5.3 使用《木马专家》清除木马

《木马专家 2022》是专业防杀木马软件，针对目前流行的木马病毒特别有效，可以彻底查杀各种流行的 QQ 盗号木马、网游盗号木马、"灰鸽子"、黑客后门等十万种木马间谍程序，是计算机不可缺少的坚固堡垒。使用木马专家查杀木马的具体操作步骤如下。

Step01 双击桌面上的《木马专家 2022》快捷图标，打开如图 3-77 所示界面，提示用户程序正在载入。

Step02 程序载入完成后，弹出"木马专家 2022"的工作界面，如图 3-78 所示。

图 3-77 木马专家启动界面

图 3-78 "木马专家"工作界面

Step03 单击"扫描内存"按钮，弹出"扫描内存"信息对话框，提示用户是否使用云鉴定全面分析系统，如图 3-79 所示。

Step04 单击"确定"按钮，开始对计算机内存进行扫描，如图 3-80 所示。

图 3-79　扫描内存对话框

图 3-80　扫描计算机内存

Step05 扫描完成后，会在右侧的窗格中显示扫描的结果，如果存在有木马，直接将其删除即可，如图 3-81 所示。

Step06 单击"扫描硬盘"按钮，进入"硬盘扫描分析"工作界面，在其中提供了三种扫描模式，分别是开始快速扫描、开始全面扫描与开始自定义扫描，用户可以根据自己的需要进行选择，如图 3-82 所示。

图 3-81　显示扫描的结果

图 3-82　"硬盘扫描分析"工作界面

Step07 单击"开始快速扫描"按钮，开始对计算机进行快速扫描，如图 3-83 所示。

Step08 扫描完成后，会在右侧的窗格中显示扫描的结果，如图 3-84 所示。

图 3-83　快速扫描木马

图 3-84　扫描结果

Step09 单击"系统信息"按钮，进入"系统信息"工作界面，在其中可以查看计算机内存与 CPU 的使用情况，同时可以对内存进行优化处理，如图 3-85 所示。

Step10 单击"系统管理"按钮，进入"系统管理"工作界面，在其中可以对计算机的进程、启动项等内容进行管理操作，如图 3-86 所示。

Step11 单击"高级功能"按钮，进入木马专家的"高级功能"工作界面，在其中可以对计算机进行系统修复、隔离仓库等高级功能的操作，如图 3-87 所示。

Step12 单击"其他功能"按钮，进入"其他功能"工作界面，在其中可以查看网络状态、监控日志等，同时还可以对 U 盘病毒进行免疫处理，如图 3-88 所示。

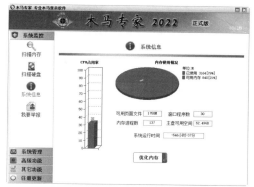

图 3-85　"系统信息"工作界面

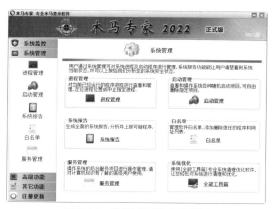

图 3-86　"系统管理"工作界面

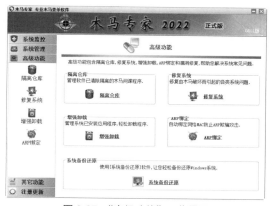

图 3-87　"高级功能"工作界面

Step13 单击"注册更新"按钮，并单击其下方的"功能设置"按钮，在打开的界面中设置木马专家 2022 的相关功能，如图 3-89 所示。

图 3-88　"其他功能"工作界面

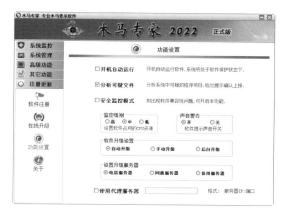

图 3-89　"功能设置"工作界面

3.6 实战演练

3.6.1 实战1：在Word中预防宏病毒

包含宏的工作簿更容易感染病毒，所以用户需要提高宏的安全性，下面以在 Word 2016 中预防宏病毒为例，来介绍预防宏病毒的方法，具体的操作步骤如下。

Step01 打开包含宏的工作簿，选择"文件"→"选项"，如图3-90所示。

Step02 弹出"Word选项"对话框，选择"信任中心"选项，然后单击"信任中心设置"按钮，如图3-91所示。

图3-90 选择"选项"

图3-91 "Word选项"对话框

Step03 弹出"信任中心"对话框，在左侧列表中选择"宏设置"选项，然后在"宏设置"列表中选中"禁用无数字签署的所有宏"单选按钮，单击"确定"按钮，如图3-92所示。

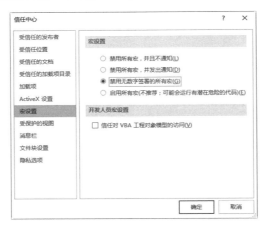

图3-92 "信任中心"对话框

3.6.2 实战2：在任务管理器中结束木马进程

进程是指正在运行的程序实体，并且包括这个运行的程序中占据的所有系统资源，如果计算机突然运行速度慢了下来，就需要到"任务管理器"窗口当中查看一下是否有木马病毒程序正在后台运行。打开任务管理器的具体操作步骤如下。

Step 01 按 Ctrl+Alt+Del 组合键，打开"任务管理器"界面，如图 3-93 所示。

Step 02 选择"任务管理器"选项，打开"任务管理器"窗口，选择"进程"选项卡，可看到本机中开启的所有进程，如图 3-94 所示。

图 3-93　"任务管理器"界面

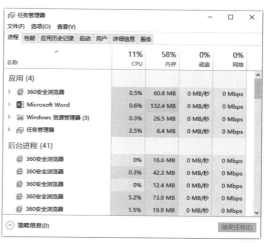

图 3-94　"任务管理器"窗口

Step 03 在进程列表中选择需要查看的进程，右击，从弹出的快捷菜单中选择"属性"选项，如图 3-95 所示。

Step 04 弹出"BrIndicator.exe 属性"对话框，在此可以看到进程的文件类型、描述、位置、大小、占用空间等属性，如图 3-96 所示。

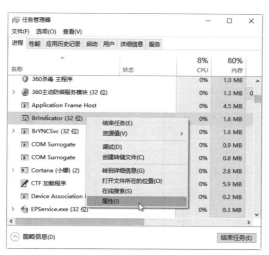

图 3-95　"属性"选项

图 3-96　"BrIndicator.exe 属性"对话框

Step 05 单击"高级"按钮，弹出"高级属性"对话框，在此可以设置文件属性和压缩或加密属性，单击"确定"按钮，保存设置，如图 3-97 所示。

Step 06 选择"兼容性"选项卡，可以设置进程的兼用模式，如图 3-98 所示。

Step 07 选择"安全"选项卡，可以看到不同的用户对进程的权限，单击"编辑"按钮，可以更改相关权限，如图 3-99 所示。

图 3-97 "高级属性"对话框

图 3-98 "兼容性"选项卡

图 3-99 "安全"选项卡

Step08 选择"详细信息"选项卡，可以查看进程的文件说明、类型、产品版本、大小等信息，如图 3-100 所示。

Step09 在进程列表中查找多余的进程，然后在映像上右击，从弹出的快捷菜单中选择"结束进程"选项，结束选中的进程，如图 3-101 所示。

图 3-100 "详细信息"选项卡

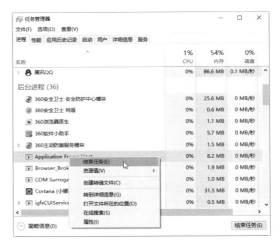

图 3-101 结束选中的进程

第 **4** 章

计算机系统的安全防护

用户在使用计算机的过程中，会受到恶意软件的攻击，有时还会不小心删除系统文件，这都有可能导致系统崩溃或无法进入操作系统，这时用户就不得不重装系统，但是如果系统进行了备份，那么就可以直接将其还原，以节省时间。本章就来介绍计算机系统的安全防护，主要内容包括清除系统恶意软件、系统备份、系统还原以及系统重置等。

4.1 系统安全之清理间谍软件

间谍软件是一种能够在用户不知情的情况下，在其计算机上安装后门、收集用户信息的软件。间谍软件以恶意后门程序的形式存在，该程序可以打开端口、启动 FTP（File Transfer Protocol，文件传输协议）服务器、或者搜集击键信息并将信息反馈给攻击者。

4.1.1 使用事件查看器清理

微视频

不管我们是不是计算机高手，都要学会自己根据 Windows 自带的"事件查看器"中对应用程序、系统、安全和设置等进程进行分析与管理。

通过事件查看器查找间谍软件的操作步骤如下。

Step01 右击"此电脑"图标，从弹出的快捷菜单中选择"管理"选项，如图 4-1 所示。

Step02 弹出"计算机管理"对话框，在其中可以看到系统工具、存储、服务和应用程序 3 个方面的内容，如图 4-2 所示。

图 4-1 "管理"选项

图 4-2 "计算机管理"窗口

Step03 在左侧依次展开"计算机管理（本地）"→"系统工具"→"事件查看器"选项，可在下方显示事件查看器所包含的内容，如图4-3所示。

Step04 双击"Windows日志"选项，可在右侧显示有关Windows日志的相关内容，包括应用程序、安全、设置、系统和已转发事件等，如图4-4所示。

图4-3 "事件查看器"选项

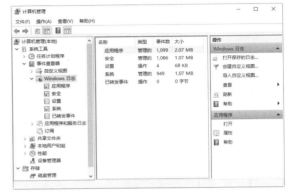

图4-4 "Windows日志"选项

Step05 双击右侧区域中的"应用程序"选项，可在打开的界面中看到非常详细的应用程序信息，其中包括应用程序被打开、修改、权限过户、权限登记、关闭以及重要的出错或者兼容性信息等，如图4-5所示。

Step06 右击其中任意一条信息，从弹出的快捷菜单中选择"事件属性"选项，如图4-6所示。

图4-5 "应用程序"选项

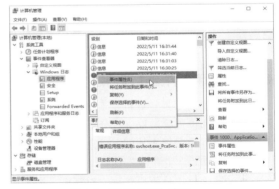

图4-6 "事件属性"选项

Step07 弹出"事件属性"对话框，在该对话框中可以查看该事件的常规属性以及详细信息等，如图4-7所示。

Step08 右击其中任意一条应用程序信息，从弹出的快捷菜单中选择"保存选择的事件"选项，弹出"另存为"对话框，在"文件名"文本框中输入事件的名称，并选择事件保存的类型，如图4-8所示。

Step09 单击"保存"按钮，可保存事件，并弹出"显示信息"对话框，在其中设置是否要在其他计算机中正确查看此日志，设置完毕后，单击"确定"按钮保存设置，如图4-9所示。

Step10 双击左侧的"安全"选项，可以将计算机记录的安全性事件信息全都显示于此，用户可以对其进行具体查看和保存、附加程序等，如图4-10所示。

图 4-7　"事件属性"对话框

图 4-8　"另存为"对话框

图 4-9　"显示信息"对话框

图 4-10　"安全"选项

Step 11 双击左侧的"Setup"选项，在右侧将会展开系统设置详细内容，如图 4-11 所示。

Step 12 双击左侧的"系统"选项，会在右侧看到 Windows 操作系统运行时内核以及上层软硬件之间的运行记录，这里面会记录大量的错误信息，是黑客们分析目标计算机漏洞时最常用到的信息库，用户最好熟悉错误码，这样可以提高查找间谍软件的效率，如图 4-12 所示。

图 4-11　"Setup"选项

图 4-12　"系统"选项

4.1.2　使用"反间谍专家"清理

使用"反间谍专家"可以扫描系统薄弱环节以及全面扫描硬盘，智能检测和查杀超过上万种木马、蠕虫、间谍软件等，终止它们的恶意行为。当检测到可疑文件时，该工具还可以将其隔离，从而保护系统的安全。

微视频

下面介绍使用反间谍专家软件的基本步骤。

Step01 运行"反间谍专家"程序，打开"反间谍专家"主界面，从中可以看出反间谍专家有"快速查杀"和"完全查杀"两种方式，如图4-13所示。

Step02 在"查杀"栏目中单击"快速查杀"按钮，然后右边的窗口中单击"开始查杀"按钮，弹出"扫描状态"对话框，如图4-14所示。

图 4-13 "反间谍专家"主界面

图 4-14 "扫描状态"对话框

Step03 在扫描结束之后，即可弹出"扫描报告"对话框，其中列出了扫描到的恶意代码，如图4-15所示。

Step04 单击"选择全部"按钮即可选中全部的恶意代码，然后单击"清除"按钮，快速杀除扫描到的恶意代码，如图4-16所示。

图 4-15 "扫描报告"对话框

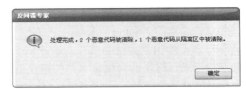
图 4-16 信息示框

Step05 如果要彻底扫描并查杀恶意代码，则需采用"完全查杀"方式。在"反间谍专家"主窗口中，单击"完全查杀"按钮，即可弹出"完全查杀"对话框。从中可以看出完全查杀有三种快捷方式供选择，这里选中"扫描本地硬盘中的所有文件"单选按钮，如图4-17所示。

Step06 单击"开始查杀"按钮，弹出"扫描状态"对话框，在其中可以查看查杀进程，如图4-18所示。

图 4-17 选择"完全查杀"方式

图 4-18 查看查杀进程

Step07 待扫描结束之后，即可弹出"扫描报告"对话框，其中会列出所扫描到的恶意代码。勾选要清除的恶意代码前面的复选框后，单击"清除"按钮即可删除这些恶意代码，如图 4-19 所示。

Step08 在"反间谍专家"主界面中切换到"常用工具"栏目中，单击"系统免疫"按钮，弹出"系统免疫"对话框，单击"启用"按钮，即可确保系统不受到恶意程序的攻击，如图 4-20 所示。

图 4-19　"扫描报告"对话框

图 4-20　"系统免疫"对话框

Step09 单击"IE 修复"按钮，即可弹出"IE 修复"对话框，在选择需要修复的项目之后，单击"立即修复"按钮，将 IE 浏览器恢复到其原始状态，如图 4-21 所示。

Step10 单击"隔离区"按钮，则可查看已经隔离的恶意代码，选择隔离的恶意项目可以对其进行恢复或清除操作，如图 4-22 所示。

图 4-21　"IE 修复"对话框

图 4-22　查看隔离的恶意代码

Step11 单击"高级工具"功能栏，进入"高级工具"设置界面，如图 4-23 所示。

Step12 单击"进程管理"按钮，弹出"进程管理器"对话框，在其中对进程进行相应的管理，如图 4-24 所示。

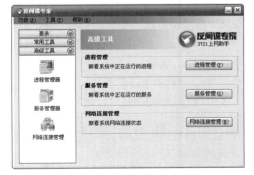

图 4-23　"高级工具"界面

图 4-24　"进程管理器"对话框

Step13 单击"服务管理"按钮，弹出"服务管理器"对话框，在其中对服务进行相应的管理，如图 4-25 所示。

Step14 单击"网络连接管理"按钮，弹出"网络连接管理器"对话框，在其中对网络连接进行相应的管理，如图 4-26 所示。

图 4-25 "服务管理器"对话框

图 4-26 "网络连接管理器"对话框

Step15 选择"工具"→"综合设定"菜单项，弹出"综合设定"对话框，在其中对扫描设定进行相应的设置，如图 4-27 所示。

Step16 选择"查杀设定"选项卡，进入"查杀设定"设置界面，在其中设定"发现恶意程序时的缺省动作"，如图 4-28 所示。

图 4-27 "综合设定"对话框

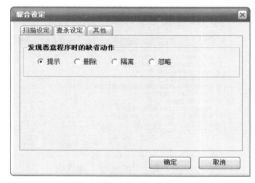

图 4-28 "查杀设定"界面

4.1.3 使用 Spybot-Search & Destroy 清理

Spybot-Search&Destroy（以下简称 Spybot）是一款专门用来清理间谍程序的工具。到目前为止，它已经可以检测一万多种间谍程序（Spyware），并对其中的一千多种进行免疫处理。这个软件是完全免费的，并有中文语言包支持。

下面介绍使用 Spybot 软件查杀间谍软件的基本步骤。

Step01 安装 Spybot 并设置好初始化之后，打开其主窗口，如图 4-29 所示。

Step02 由于该软件支持多种语言，所以在其主窗口中选择 Languages →"简体中文"选项，将程序主界面切换为中文模式，如图 4-30 所示。

Step03 单击其中的"检测"按钮或单击左侧的"检查与修复"按钮，打开"检测与修复"窗口，并单击"检测与修复"按钮，Spybot 此时开始检查系统找到的存在的间谍软件，如图 4-31 所示。

图 4-29　Spybot 工作界面

图 4-30　切换到中文模式

Step 04 在软件检查完毕之后，检查页上将会列出在系统中查到可能有问题的软件。选取某个检查到的问题，再点击右侧的分栏箭头，查询有关该问题软件的发布公司，软件功能、说明和危害种类等信息，如图 4-32 所示。

图 4-31　检测间谍软件

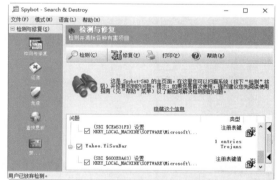

图 4-32　查看详细信息

Step 05 选中需要修复的问题程序，单击"修复"按钮，打开"将要删除这些项目"提示信息框，如图 4-33 所示。

Step 06 单击"是"按钮可看到在下次系统启动时自动运行对话框，如图 4-34 所示。

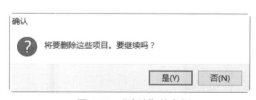

图 4-33　"确认"信息框

图 4-34　"警告"框

Step 07 单击"是"按钮，将选取的间谍程序从系统中清除，如图 4-35 所示。

Step 08 待修复完成后，可看到"确认"对话框。在其中会显示成功修复以及尚未修复问题的数目，并建议重启计算机。单击"确定"按钮重启计算机修复未修复的问题即可，如图 4-36 所示。

Step 09 选择"还原"选项，在打开的界面中选择需要还原的项目，单击"还原"按钮，如图 4-37 所示。

Step 10 弹出"确认"信息对话框，提示用户是否要撤销先前所做的修改，如图 4-38 所示。

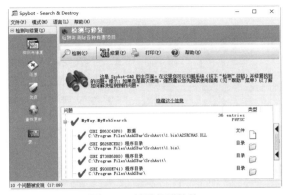

图 4-35　清除间谍软件

图 4-36　"确认"信息框

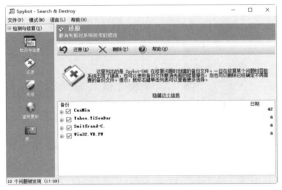

图 4-37　选择"还原"选项

图 4-38　"确认"信息框

Step 11 单击"是"按钮，可将修复的问题还原到原来的状态，还原完毕后弹出"信息"对话框，如图 4-39 所示。

Step 12 选择"免疫"选项，进入"免疫"设置界面，免疫功能能使用户的系统具有抵御间谍软件的免疫效果，如图 4-40 所示。

图 4-39　"信息"对话框

图 4-40　"免疫"设置界面

4.2　重装 Windows 10 操作系统

在安装有一个操作系统的计算机中，用户可以利用安装光盘重装系统，而无须考虑多系统的版本问题，只需将系统安装盘插入光驱，并设置从光驱启动，然后格式化系统盘后，就可以按照安装单操作系统一样重装单系统。

4.2.1　什么情况下重装系统

具体来讲，当系统出现以下 3 种情况之一时，就必须考虑重装系统了。

1. 系统运行变慢

系统运行变慢的原因有很多，如垃圾文件分布于整个硬盘而又不便于集中清理和自动清理，或者是计算机感染了病毒或其他恶意程序而无法被杀毒软件清理等，这就需要对磁盘进行格式化处理并重装系统了。

2. 系统频繁出错

众所周知，操作系统是由很多代码组成的，在操作过程中可能因为误删除某个文件或者是被恶意代码改写等原因，致使系统出现错误，此时，如果该故障不便于准确定位或轻易解决，就需要考虑重装系统了。

3. 系统无法启动

导致系统无法启动的原因有多种，如 DOS 引导出现错误、目录表被损坏或系统文件 ntfs.sys 文件丢失等。如果无法查找出系统不能启动的原因或无法修复系统以解决这一问题时，就需要重装系统了。

4.2.2　重装前应注意的事项

在重装系统之前，用户需要做好充分的准备，以避免重装之后造成数据的丢失等严重后果。那么在重装系统之前应该注意哪些事项呢？

1. 备份数据

在因系统崩溃或出现故障而准备重装系统之前，首先应该想到的是备份好自己的数据。这时，一定要静下心来，仔细罗列一下硬盘中需要备份的资料，把它们一项一项地写在一张纸上，然后逐一对照进行备份。如果硬盘不能启动，这时需要考虑用其他启动盘启动系统，然后复制自己的数据，或将硬盘挂接到其他计算机上进行备份。最好的办法是在平时就养成每天备份重要数据的习惯，这样就可以有效避免硬盘数据不能恢复造成的损失。

2. 格式化磁盘

重装系统时，格式化磁盘是解决系统问题最有效的办法，尤其是在系统感染病毒后，最好不要只格式化 C 盘，如果有条件将硬盘中的数据都备份或转移，尽量备份后将整个硬盘都格式化，以保证新系统的安全。

3. 牢记安装序列号

安装序列号相当于一个人的身份证号，标识着安装程序的身份，如果不小心丢掉自己的安装序列号，那么在重装系统时，如果采用的是全新安装，安装过程将无法进行下去。正规的安装光盘的序列号会标注在软件说明书或光盘封套的某个位置上。但是，如果用的是某些软件合集光盘中提供的测试版系统，那么，这些序列号可能是存在于安装目录中的某个说明文本中，如 SN.txt 等文件。因此，在重装系统之前，首先将序列号找出并记录下来以备稍后使用。

4.2.3　重装 Windows 10

Windows 10 作为主流操作系统，备受关注，本节将介绍 Windows 10 操作系统的重装，具体的操作步骤如下。

Step01 将 Windows 10 操作系统的安装光盘放入光驱中，重新启动计算机，这时会进入 Windows

10 操作系统安装程序的运行窗口，提示用户安装程序正在加载文件，如图 4-41 所示。

Step 02 当文件加载完成后，进入程序启动 Windows 界面，如图 4-42 所示。

图 4-41　系统运行窗口

图 4-42　程序启动界面

Step 03 进入程序运行界面，开始运行程序，运行程序完成，就会弹出安装程序正在启动界面，如图 4-43 所示。

Step 04 安装程序启动完成后，还需要选择需要安装系统的磁盘，如图 4-44 所示。

图 4-43　程序运行界面

图 4-44　选择系统安装盘

Step 05 单击"下一步"按钮，开始安装 Windows 10 系统并进入系统引导界面，如图 4-45 所示。

Step 06 安装完成后，进入 Windows 10 操作系统主界面，系统安装完成，如图 4-46 所示。

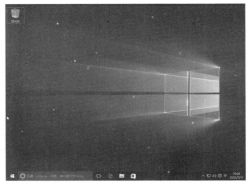

图 4-45　系统引导界面

图 4-46　系统安装完成

4.3　系统安全提前准备之备份

常见备份系统的方法为使用系统自带的工具备份和 Ghost 工具备份。

4.3.1　使用系统工具备份系统

Windows 10 操作系统自带的备份还原功能更加强大，为用户提供了高速度、高压缩的一键备份还原功能。

1. 开启系统还原功能

要想使用 Windows 系统工具备份和还原系统，首选需要开启系统还原功能，具体的操作步骤如下。

Step01 右击"此电脑"图标，从弹出的快捷菜单中选择"属性"选项，如图 4-47 所示。

Step02 在打开的窗口中，单击"系统保护"超链接，如图 4-48 所示。

图 4-47　"属性"选项

图 4-48　"系统"窗口

Step03 弹出"系统属性"对话框，在"保护设置"列表框中选择系统所在的分区，并单击"配置"按钮，如图 4-49 所示。

Step04 弹出"系统保护本地磁盘"对话框，选中"启用系统保护"单选按钮，单击鼠标调整"最大使用量"滑块到合适的位置，然后单击"确定"按钮，如图 4-50 所示。

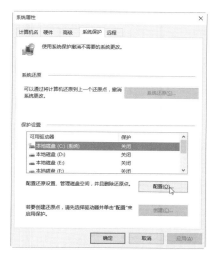

图 4-49　"系统属性"对话框

图 4-50　"系统保护本地磁盘"对话框

2. 创建系统还原点

用户开启系统还原功能后，默认打开保护系统文件和设置的相关信息，保护系统。用户也可以创建系统还原点，当系统出现问题时，就可以方便地恢复到创建还原点时的状态。

Step01 在上面弹出的"系统属性"对话框中，选择"系统保护"选项卡，然后选择系统所在的分区，单击"创建"按钮，如图 4-51 所示。

Step02 弹出"创建还原点"对话框，在文本框中输入还原点的描述性信息，如图 4-52 所示。

图 4-51 "系统保护"选项卡

图 4-52 "创建还原点"对话框

Step03 单击"创建"按钮，开始创建还原点，如图 4-53 所示。

Step04 创建还原点的时间比较短，稍等片刻就可以了。创建完毕后，将打开"已成功创建还原点"提示信息，单击"关闭"按钮即可，如图 4-54 所示。

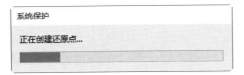

图 4-53 开始创建还原点

图 4-54 创建还原点完成

4.3.2 使用系统映像备份系统

Windows 10 操作系统为用户提供了系统映像的备份功能，使用该功能，用户可以备份整个操作系统，具体的操作步骤如下。

Step01 在"控制面板"窗口中，单击"备份和还原（Windows）"链接，如图 4-55 所示。

Step02 弹出"备份和还原"窗口，单击"创建系统映像"链接，如图 4-56 所示。

图 4-55 "控制面板"窗口

图 4-56 "备份和还原"窗口

Step03 弹出"你想在何处保存备份？"对话框，这里有 3 种类型的保存位置，包括在硬盘上、在一张或多张 DVD 上和在网络位置上，本实例选中"在硬盘上"单选按钮，单击"下一步"按钮，如图 4-57 所示。

Step04 弹出"你要在备份中包括哪些驱动器？"对话框，这里采用默认的选项，单击"下一步"按钮，如图 4-58 所示。

图 4-57　选择备份保存位置

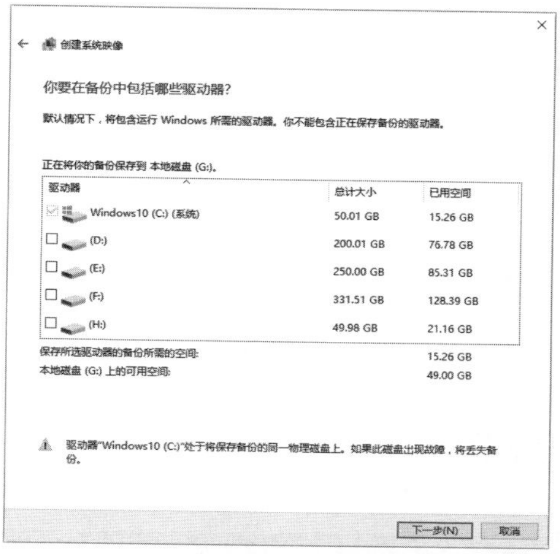

图 4-58　选择驱动器

Step05 弹出"确认你的备份设置"对话框，单击"开始备份"按钮，如图 4-59 所示。

Step06 系统开始备份，完成后，单击"关闭"按钮即可，如图 4-60 所示。

图 4-59　确认备份设置

图 4-60　备份完成

4.3.3　使用 GHOST 工具备份系统

一键 GHOST 是一个图形安装工具，主要包括一键备份系统、一键恢复系统、中文向导、Ghost、DOS 工具箱等功能。使用一键 GHOST 备份系统的操作步骤如下。

微视频

Step01 下载并安装一键 GHOST 后，弹出"一键备份系统"对话框，此时一键 GHOST 开始初始化。初始化完毕后，将自动选中"一键备份系统"单选按钮，单击"备份"按钮，如图 4-61 所示。

Step02 弹出"一键 GHOST"对话框，单击"确定"按钮，如图 4-62 所示。

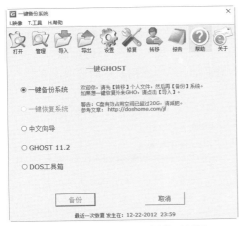

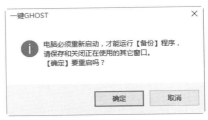

图 4-61 "一键备份系统"对话框   图 4-62 "一键 GHOST"对话框

Step03 系统开始重新启动，并自动打开 GRUB4DOS 菜单，在其中选择第一个选项，表示启动一键 GHOST，如图 4-63 所示。

Step04 系统自动选择完毕后，会弹出"MS-DOS 一级菜单"界面，在其中选择第一个选项，表示在 DOS 安全模式下运行 GHOST 11.2，如图 4-64 所示。

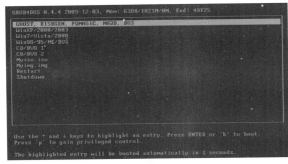

图 4-63 选择一键 GHOST 选项   图 4-64 "MS-DOS 一级菜单"界面

Step05 选择完毕后，接下来会弹出"MS-DOS 二级菜单"界面，在其中选择第一个选项，表示支持 IDE、SATA 兼容模式，如图 4-65 所示。

Step06 根据 C 盘是否存在映像文件，将会从主窗口自动进入"一键备份系统"警告窗口，提示用户开始备份系统。单击"备份"按钮，如图 4-66 所示。

图 4-65 "MS-DOS 二级菜单"界面   图 4-66 "一键备份系统"警告框

Step07 此时，开始备份系统如图 6-67 所示。

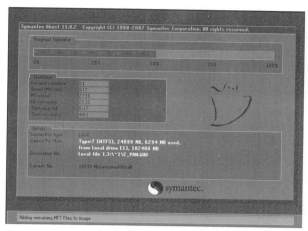

图 4-67　开始备份系统

4.4　系统崩溃后的修复之还原

系统备份完成后，一旦系统出现严重的故障，可还原系统到未出故障前的状态。

4.4.1　使用系统工具还原系统

在为系统创建好还原点之后，一旦系统遭到病毒或木马的攻击，致使系统不能正常运行，这时就可以将系统恢复到指定还原点。

微视频

下面介绍如何还原到创建的还原点，具体的操作步骤如下。

Step 01 选择"系统属性"对话框下的"系统保护"选项卡，然后单击"系统还原"按钮，如图 4-68 所示。

Step 02 弹出"还原系统文件和设置"对话框，单击"下一步"按钮，如图 4-69 所示。

图 4-68　"系统保护"选项卡

图 4-69　"还原系统文件和设置"对话框

Step 03 弹出"将计算机还原到所选事件之前的状态"对话框，选择合适的还原点，一般选择距离出现故障时间最近的还原点即可，单击"扫描受影响的程序"按钮，如图 4-70 所示。

Step 04 弹出"正在扫描受影响的程序和驱动程序"对话框，如图 4-71 所示。

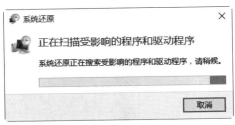

图 4-70　选择还原点　　　　　　　　　　图 4-71　"系统还原"对话框

Step 05 稍等片刻，扫描完成后，将打开详细的被删除的程序和驱动信息，用户可以查看所选择的还原点是否正确，如果不正确可以返回重新操作，如图 4-72 所示。

Step 06 单击"关闭"按钮，返回"将计算机还原到所选事件之前的状态"对话框，确认还原点选择是否正确，如果还原点选择正确，则单击"下一步"按钮，弹出"确认还原点"对话框，如果确认操作正确，则单击"完成"按钮，如图 4-73 所示。

图 4-72　查看还原点是否正确　　　　　　　图 4-73　"确认还原点"对话框

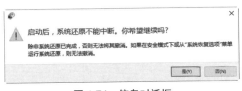

图 4-74　信息对话框

Step 07 打开对话框提示"启动后，系统还原不能中断，您希望继续吗？"，单击"是"按钮。计算机自动重启后，还原操作会自动进行，还原完成后再次自动重启计算机，登录到桌面后，将会打开系统还原对话框提示"系统还原已成功完成。"，单击"关闭"按钮，完成将系统恢复到指定还原点的操作，如图 4-74 所示。

提示：如果还原后发现系统仍有问题，则可以选择其他的还原点进行还原。

微视频

4.4.2　使用系统映像还原系统

完成系统映像的备份后，如果系统出现问题，可以利用映像文件进行还原操作，具体的操作步骤如下。

Step01 在桌面上右击"开始"按钮，从弹出的快捷菜单中选择"设置"选项，弹出"设置"窗口，选择"更新和安全"选项，如图 4-75 所示。

Step02 弹出"更新和安全"窗口，在左侧列表中选择"恢复"选项，在右侧窗口中单击"立即重启"按钮，如图 4-76 所示。

图 4-75　"设置"窗口

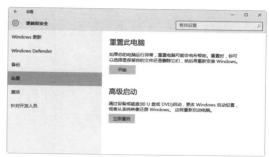

图 4-76　"更新和安全"窗口

Step03 弹出"选择其他的还原方式"对话框，采用默认设置，直接单击"下一步"按钮，如图 4-77 所示。

Step04 弹出"你的计算机将从以下系统映像中还原"对话框，单击"完成"按钮，如图 4-78 所示。

图 4-77　"选择其他的还原方式"对话框

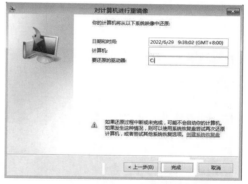

图 4-78　选择要还原的驱动器

Step05 打开提示信息对话框，单击"是"按钮，如图 4-79 所示。

Step06 系统映像的还原操作完成后，弹出"是否要立即重新启动计算机？"对话框，单击"立即重新启动"按钮即可，如图 4-80 所示。

图 4-79　信息对话框

图 4-80　开始还原系统

4.4.3　使用 GHOST 工具还原系统

当系统分区中数据被损坏或系统遭受病毒和木马的攻击后，就可以利用 GHOST 的镜像还原功能将备份的系统分区进行完全的还原，从而恢复系统。

微视频

使用一键 GHOST 还原系统的操作步骤如下。

Step01 在"一键 GHOST"对话框中选中"一键恢复系统"单选按钮，单击"恢复"按钮，如图 4-81 所示。

Step02 弹出"一键 GHOST"对话框，提示用户计算机必须重新启动，才能运行"恢复"程序。单击"确定"按钮，如图 4-82 所示。

图 4-81 "一键恢复系统"单选按钮

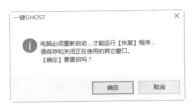

图 4-82 信息对话框

Step03 系统开始重新启动，并自动打开 GRUB4DOS 菜单，在其中选择第一个选项，表示启动一键 GHOST，如图 4-83 所示。

Step04 系统自动选择完毕后，会弹出"MS-DOS 一级菜单"界面，在其中选择第一个选项，表示在 DOS 安全模式下运行 GHOST 11.2，如图 4-84 所示。

图 4-83 启动一键 GHOST

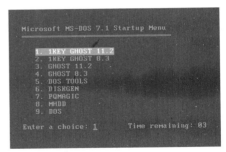

图 4-84 "MS-DOS 一级菜单"界面

Step05 选择完毕后，会弹出"MS-DOS 二级菜单"界面，在其中选择第一个选项，表示支持 IDE、SATA 兼容模式，如图 4-85 所示。

Step06 根据 C 盘是否存在镜像文件，将会从主窗口自动进入"一键恢复系统"警告窗口，提示用户开始恢复系统。选择"恢复"按钮，开始恢复系统，如图 4-86 所示。

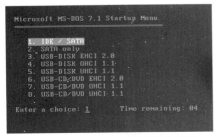

图 4-85 "MS-DOS 二级菜单"界面

图 4-86 "一键恢复系统"警告框

Step07 此时，开始恢复系统，如图 4-87 所示。

Step08 在系统还原完毕后，将打开一个信息对话框，提示用户恢复成功，单击"Reset Computer"按钮重启计算机，然后选择从硬盘启动，将系统恢复到以前的系统。至此，就完成了使用 GHOST 工具还原系统的操作，如图 4-88 所示。

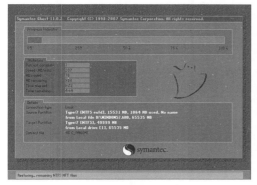

图 4-87　开始恢复系统

图 4-88　系统恢复成功

4.5　系统崩溃后的修复之重置

对于系统文件出现丢失或者文件异常的情况，可以通过重置的方法来修复系统。重置计算机可以在计算机出现问题时将系统恢复到初始状态，而不需要重装系统。

4.5.1　在可开机情况下重置计算机

微视频

在可以正常开机并进入 Windows 10 操作系统后重置计算机的具体操作步骤如下。

Step01 在桌面上右击"开始"按钮，从弹出的快捷菜单中选择"设置"选项，弹出"设置"窗口，选择"更新和安全"选项，如图 4-89 所示。

Step02 弹出"更新和安全"窗口，在左侧列表中选择"恢复"选项，在右侧窗口中单击"立即重启"按钮，如图 4-90 所示。

图 4-89　"设置"窗口

图 4-90　"恢复"选项

Step03 弹出"选择一个选项"界面，选择"保留我的文件"选项，如图 4-91 所示。

Step04 弹出"将会删除你的应用"界面，单击"下一步"按钮，如图 4-92 所示。

Step05 弹出"警告"界面，单击"下一步"按钮，如图 4-93 所示。

Step06 弹出"准备就绪，可以重置这台电脑"界面，单击"重置"按钮，如图 4-94 所示。

图 4-91　"保留我的文件"选项

图 4-92　"将会删除你的应用"界面

图 4-93　"警告"界面

图 4-94　准备就绪界面

Step07 计算机重新启动，进入"重置"界面，如图 4-95 所示。

Step08 重置完成后会进入 Windows 10 安装界面，安装完成后自动进入 Windows 10 桌面，如图 4-96 所示。

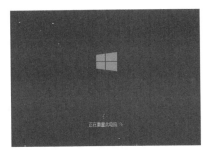

图 4-95　"重置"界面

图 4-96　Windows 10 安装界面

4.5.2　在不可开机情况下重置计算机

微视频

如果 Windows 10 操作系统出现错误，开机后无法进入系统，此时可以在不开机的情况下重置计算机，具体的操作步骤如下。

Step01 在开机界面选择"更改默认值或选择其他选项"选项，如图 4-97 所示。

Step02 进入"选项"界面，选择"选择其他选项"选项，如图 4-98 所示。

图 4-97　开机界面

图 4-98　"选项"界面

Step 03 进入"选择一个选项"界面，选择"疑难解答"选项，如图 4-99 所示。

Step 04 在打开的"疑难解答"界面选择"重置此电脑"选项即可。其后的操作与在可开机的状态下重置计算机操作相同，这里不再赘述，如图 4-100 所示。

图 4-99　"选择一个选项"界面

图 4-100　"疑难解答"界面

4.6　实战演练

4.6.1　实战 1：一个命令就能修复系统

微视频

SFC 命令是 Windows 操作系统中使用频率比较高的命令，主要作用是扫描所有受保护的系统文件并完成修复工作。该命令的语法格式如下：

```
SFC [/SCANNOW] [/SCANONCE] [/SCANBOOT] [/REVERT] [/PURGECACHE] [/CACHESIZE=x]
```

各个参数的含义如下：

/SCANNOW：立即扫描所有受保护的系统文件。

/SCANONCE：下次启动时扫描所有受保护的系统文件。

/SCANBOOT：每次启动时扫描所有受保护的系统文件。

/REVERT：将扫描返回默认设置。

/PURGECACHE：清除文件缓存。

/CACHESIZE=x：设置文件缓存大小。

下面以最常用的 sfc/scannow 为例进行讲解，具体的操作步骤如下。

Step 01 右击"开始"按钮，从弹出的快捷菜单中选择"命令提示符（管理员）（A）"选项，如图 4-101 所示。

Step 02 弹出"管理员：命令提示符"窗口，输入 sfc/scannow 命令，按 Enter 键确认，如图 4-102 所示。

图 4-101　开始快捷菜单命令

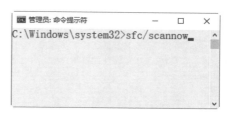

图 4-102　输入命令

Step 03 开始自动扫描系统，并显示扫描的进度，如图 4-103 所示。

Step04 在扫描的过程中，如果发现损坏的系统文件，会自动进行修复操作，并显示修复后的信息，如图 4-104 所示。

图 4-103　自动扫描系统

图 4-104　自动修复系统

4.6.2　实战 2：开启计算机 CPU 最强性能

在 Windows 10 操作系统之中，用户可以设置系统启动密码，具体的操作步骤如下。

Step01 按 Windows+R 组合键，弹出"运行"对话框，在"打开"文本框中输入 msconfig，如图 4-105 所示。

Step02 单击"确定"按钮，在弹出的对话框中选择"引导"选项卡，如图 4-106 所示。

图 4-105　"运行"对话框

图 4-106　"引导"界面

Step03 单击"高级选项"按钮，弹出"引导高级选项"对话框，勾选"处理器个数"复选框，将处理器个数设置为最大值，本机最大值为 4，如图 4-107 所示。

Step04 单击"确定"按钮，弹出"系统配置"对话框，单击"重新启动"按钮，重启计算机系统，CPU 就能达到最大性能了，这样计算机运行速度就会明显提高，如图 4-108 所示。

图 4-107　"引导高级选项"对话框

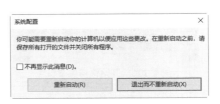

图 4-108　"系统配置"对话框

第5章

计算机系统账户的安全防护

计算机系统的密码如同门一样，黑客是否能够攻击用户的计算机，就要看计算机系统账户密码是否安全，本章就来介绍计算机系统账户的安全防护。

5.1 了解 Windows 10 的账户类型

Windows 10 操作系统具有两种账户类型，一种是本地账户，另一种是 Microsoft 账户。使用这两种账户类型，都可以登录到操作系统当中。

5.1.1 认识本地账户

在 Windows 7 及其之前的操作系统中，Windows 的安装和登录只有一种以用户名为标识符的账户，这个账户就是 Administrator 账户，这种账户类型就是本地账户，对于不需要网络功能，而又对数据安全比较在乎的用户来说，使用本地账户登录 Windows 10 操作系统是更安全的选择。

另外，对于本地账户来说，用户可以不用设置登录密码，就能登录系统，当然，不设置密码的操作，对系统安全是没有保障的，因此，不管是本地账户，还是 Microsoft 账户，都需要为账户添加密码。

5.1.2 认识 Microsoft 账户

Microsoft 账户是免费的且易于设置的系统账户，用户可以使用自己所选的任何电子邮件地址完成该账户的注册与登记操作，例如可以使用 Outlook.com 等地址作为 Microsoft 账户。

当用户使用 Microsoft 账户登录自己的计算机或设备时，可从 Windows 应用商店中获取应用，使用免费云存储备份自己的所有重要数据和文件，并使自己的所有常用内容，如设备、照片、好友、游戏、个人偏好设置、音乐等，保持更新和同步。

5.1.3 本地账户和 Microsoft 账户的切换

微视频

本地账户和 Microsoft 账户的切换包括两种情况，分别是本地账户切换到 Microsoft 账户和 Microsoft 账户切换到本地账户。

1. 本地账户切换到Microsoft账户

将本地账户切换到 Microsoft 账户可以轻松获取用户所有设备的所有内容，具体的操作步骤如下。

Step01 在"设置 - 账户"窗口中选择"你的电子邮件和账户"选项，进入"你的电子邮件和账户"设置界面，如图 5-1 所示。

Step02 单击"改用 Microsoft 账户登录"超链接，打开"个性化设置"窗口，在其中输入 Microsoft 账户的电子邮件账户与密码，如图 5-2 所示。

图 5-1 "你的电子邮件和账户"设置界面

图 5-2 "个性化设置"窗口

Step03 单击"登录"按钮，弹出"使用你的 Microsoft 账户登录此设备"对话框，在其中输入 Windows 登录密码，如图 5-3 所示。

Step04 单击"下一步"按钮，可从本地账户切换到 Microsoft 账户来登录此设备，如图 5-4 所示。

图 5-3 输入 Windows 登录密码

图 5-4 使用 Microsoft 账户来登录

2. Microsoft账户切换到本地账户

本地账户是系统默认的账户，使用本地账户可以轻松管理计算机的本地用户与组，将 Microsoft 账户切换到本地账户的操作步骤如下。

Step01 以 Microsoft 账户登录此设备后，选择"设置 - 账户"窗口中的"你的电子邮件和账户"选项，在打开的设备界面中单击"更改本地账户登录"超链接，如图 5-5 所示。

Step02 弹出"切换到本地账户"对话框，在其中输入 Microsoft 账户的登录密码，如图 5-6 所示。

Step03 单击"下一步"按钮，弹出"切换到本地账户"对话框，在其中输入本地账户的用户名、密码和密码提示等信息，如图 5-7 所示。

Step04 单击"下一步"按钮，弹出"切换到本地账户"对话框，提示用户所有的操作即将完成，如图 5-8 所示。

图 5-5　"更改本地账户登录"超链接

图 5-6　输入 Microsoft 账户的登录密码

图 5-7　输入本地账户与密码

图 5-8　"切换到本地账户"对话框

Step 05 单击"注销并完成"按钮，可从 Microsoft 账户切换到本地账户当中，如图 5-9 所示。

图 5-9　切换到本地账户

5.2　破解管理员账户的方法

在 Windows 操作系统中，管理员账户有着极大的控制权限，黑客常常利用各种技术对该账户进行破解，从而获得计算机的控制权。

微视频

5.2.1 强制清除管理员账户密码

在 Windows 中提供了 net user（创建或修改计算机上的用户账户）命令，利用该命令可以强制修改用户账户的密码，来达到进入系统的目的，具体的操作步骤如下。

Step01 启动计算机，在出现开机画面后按 F8 键，进入"Windows 高级选项菜单"界面，在该界面中选择"带命令行提示的安全模式"选项，如图 5-10 所示。

Step02 运行过程结束后，系统列出了系统超级用户 Administrator 和本地用户的选择菜单，单击 Administrator，进入命令行模式，如图 5-11 所示。

图 5-10 "Windows 高级选项菜单"界面

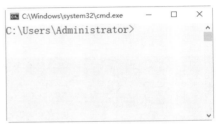

图 5-11 "切换到本地账户"对话框

Step03 输入 net user Administrator 123456 /add 命令，强制将 Administrator 用户的口令更改为 123456，如图 5-12 所示。

Step04 重新启动计算机，选择正常模式下运行，用更改后的口令 123456 登录 Administrator 用户，如图 5-13 所示。

图 5-12 输入修改用户口令的命令

图 5-13 "切换到本地账户"对话框

5.2.2 绕过密码自动登录操作系统

在安装 Windows 10 操作系统时，需要用户事先创建好登录账户与密码才能完成系统的安装，那么如何才能绕过密码而自动登录操作系统呢？具体的操作步骤如下。

Step01 单击"开始"按钮，在弹出的"开始"屏幕中选择"所有应用"→"Windows 系统"→"运行"选项，如图 5-14 所示。

Step02 弹出"运行"对话框，在"打开"文本框中输入 control userpasswords2，如图 5-15 所示。

Step03 单击"确定"按钮，弹出"用户账户"对话框，在其中取消对"要使用本计算机，用户必须输入用户名和密码"复选框的勾选，如图 5-16 所示。

Step04 单击"确定"按钮，弹出"自动登录"对话框，在其中输入本台计算机的用户名、密码信息，如图 5-17 所示。

图 5-14　"运行"选项

图 5-15　"运行"对话框

图 5-16　"用户账户"对话框

图 5-17　输入密码

Step 05 单击"确定"按钮，这样重新启动本台计算机后，系统就会不用输入密码而自动登录到操作系统当中了。

5.3　本地系统账户的安全防护

要想不被黑客轻而易举地闯进自己的操作系统，为操作系统加密是最基本的防黑操作。不加密的系统就像自己的家开了一个任人进出的后门，任何人都可以随意打开用户的系统，查看用户计算机上的私密文件。

对本地账户的设置主要包括启用本地账户、创建新用户、更改账户类型、设置账户密码等，本节介绍本地账户的设置与相关应用。

5.3.1　启用本地账户

在安装 Windows10 系统的过程中，需要通过用户在微软注册的账户来激活系统，所以当安装完成以后，系统会默认用在微软的账户来作为系统登录用户。不过，用户还可以启用本地账户，这里以启用 Administrator 账户为例，这样就可以像在 Windows 7 操作系统一样，使用 Administrator 账户登录 Windows 10 系统了。

微视频

启用 Administrator 账户的操作步骤如下。

Step 01 在 Windows 10 系统桌面中，选中"开始"按钮，右击，从弹出的快捷菜单中选择"计算机管理"选项，如图 5-18 所示。

Step02 打开"计算机管理"窗口，依次展开"本地用户和组"→"用户"选项，展开本地用户列表，如图 5-19 所示。

图 5-18　"计算机管理"选项

图 5-19　"计算机管理"窗口

Step03 选中 Administrator 账户，右击，从弹出的快捷菜单中选择"属性"选项，如图 5-20 所示。

Step04 弹出"Administrator 属性"对话框，在"常规"选项卡中，取消对"账户已禁用"复选框的勾选，然后单击"确定"按钮，启用 Administrator 账户，如图 5-21 所示。

图 5-20　"属性"选项

图 5-21　"常规"选项卡

Step05 单击"开始"按钮，在弹出的面板中单击"admini"账户，在弹出的下拉面板中可以看到已经启用的 Administrator 账户，如图 5-22 所示。

Step06 选择 Administrator 账户进行登录系统，登录完成后，再单击"开始"按钮，在弹出的面板中可以看到当前登录的账户就是 Administrator 账户，如图 5-23 所示。

图 5-22　启用 Administrator 账户

图 5-23　以 Administrator 账户登录系统

5.3.2　更改账户类型

Windows 10 操作系统的账户类型包括标准和管理员两种类型，用户可以根据需要对账户的类型进行更改，具体的操作步骤如下。

微视频

Step01 单击"开始"按钮，在打开的面板中选择"控制面板"选项，打开"控制面板"窗口，如图 5-24 所示。

Step02 单击"更改账户类型"超链接，打开"管理账户"窗口，在其中选择要更改类型的账户，这里选择"admini 本地账户"，如图 5-25 所示。

图 5-24　"控制面板"窗口

图 5-25　"管理账户"窗口

Step03 进入"更改账户"窗口，单击左侧的"更改账户类型"超链接，如图 5-26 所示。

Step04 进入"更改账户类型"窗口，选中"标准"单选按钮，为该账户选择新的账户类型，最后单击"更改账户类型"按钮，完成账户类型的更改操作，如图 5-27 所示。

图 5-26　"更改账户"窗口

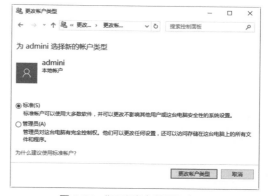

图 5-27　"更改账户类型"窗口

5.3.3　设置账户密码

对于添加的账户，用户可以为其创建密码，并对创建的密码进行更改，如果不需要密码了，还可以删除账户密码。下面介绍两种创建、更改或删除密码的方法。

微视频

1. 通过控制面板中创建、更改或删除密码

具体的操作步骤如下。

Step01 打开"控制面板"窗口，进入"更改账户"窗口，在其中单击"创建密码"超链接，如图 5-28 所示。

Step02 进入"创建密码"窗口，在其中输入密码与密码提示信息，如图 5-29 所示。

图 5-28 "更改账户"窗口

图 5-29 "创建密码"窗口

Step03 单击"创建密码"按钮，返回"更改账户"窗口，在其中可以看到该账户已经添加了密码保护，如图 5-30 所示。

Step04 如果想要更改密码，则需要在"更改账户"窗口中单击"更改密码"超链接，打开"更改密码"窗口，在其中输入新的密码与密码提示信息，最后单击"更改密码"按钮即可，如图 5-31 所示。

图 5-30 为账户添加密码

图 5-31 "更改密码"窗口

Step05 如果想要删除密码，则需要在"更改账户"窗口中单击"更改密码"超链接，打开"更改密码"窗口，在其中设置密码为空，如图 5-32 所示。

Step06 单击"更改密码"按钮，返回"更改账户"窗口，可以看到账户的密码保护取消，说明已经将账户密码删除了，如图 5-33 所示。

图 5-32 取消账户密码

图 5-33 "更改密码"窗口

2. 在计算机设置中创建、更改或删除密码

具体的操作步骤如下。

Step 01 单击"开始"按钮，在弹出的面板中选择"设置"选项，如图 5-34 所示。

Step 02 打开"设置"窗口，如图 5-35 所示。

图 5-34　"设置"选项

图 5-35　"设置"窗口

Step 03 单击"账户"超链接，进入"设置 - 账户"窗口，如图 5-36 所示。

Step 04 选择"登录选项"选项，进入"登录选项"窗口，如图 5-37 所示。

图 5-36　"设置 - 账户"窗口

图 5-37　"登录选项"窗口

Step 05 单击"密码"区域下方的"添加"按钮，打开"创建密码"界面，在其中输入密码与密码提示信息，如图 5-38 所示。

Step 06 单击"下一步"按钮，进入"创建密码"界面，在其中提示用户下次登录时，请输入创建的密码，最后单击"完成"按钮，完成密码的创建，如图 5-39 所示。

图 5-38　输入密码

图 5-39　"创建密码"界面

Step 07 如果想要更改密码，则需要选择"设置 - 账户"窗口中的"登录选项"选项，进入"登录选项"设置界面，如图 5-40 所示。

Step 08 单击"密码"区域下方的"更改"按钮，进入"更改密码"界面，在其中输入当前密码，如图 5-41 所示。

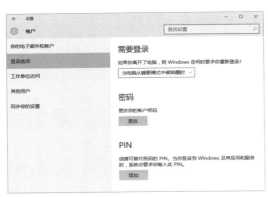

图 5-40 "登录选项"窗口

图 5-41 "更改密码"界面

Step 09 单击"下一步"按钮，进入"更改密码"界面，在其中输入新密码和密码提示信息，如图 5-42 所示。

Step 10 单击"下一步"按钮，完成本地账户密码的更改操作，最后单击"完成"按钮，如图 5-43 所示。

图 5-42 输入新密码

图 5-43 密码更改成功

提示：如果想要删除密码，则需要在"更改密码"界面中将密码与密码提示设置为空，然后单击"下一步"按钮，完成删除密码操作。

5.3.4 设置账户名称

对于添加的本地账户，用户可以根据需要设置账户的名称，操作步骤如下。

Step 01 打开"管理账户"窗口，选择要更改名称的账户，如图 5-44 所示。

Step 02 进入"更改账户"窗口，单击窗口左侧的"更改账户名称"超链接，如图 5-45 所示。

Step 03 进入"重命名账户"窗口，在其中输入账户的新名称，如图 5-46 所示。

微视频

图 5-44　"管理账户"窗口

图 5-45　"更改账户"窗口

Step04 单击"更改名称"按钮，完成账户名称的设置，如图 5-47 所示。

图 5-46　输入新名称

图 5-47　账户名称更改成功

5.3.5　删除用户账户

对于不需要的本地账户，用户可以将其删除，具体的操作步骤如下。

Step01 打开"管理账户"窗口，在其中选择要删除的账户，如图 5-48 所示。

Step02 进入"更改账户"窗口，在其中单击左侧的"删除账户"超链接，如图 5-49 所示。

微视频

图 5-48　"管理账户"窗口

图 5-49　"更改账户"窗口

Step03 进入"删除账户"窗口，提示用户是否保存账户的文件，如图 5-50 所示。

Step04 单击"删除文件"按钮，进入"确认删除"窗口，提示用户是否确实要删除 demo 账户，如图 5-51 所示。

图 5-50 "删除账户"窗口

图 5-51 "确认删除"窗口

Step05 单击"删除账户"按钮，删除选择的账户，并返回"管理账户"窗口，在其中可以看到要删除的账户已经不存在了，如图 5-52 所示。

提示：对于当前正在登录的账户，Windows 是无法删除的，因此，在删除账户的过程中，会弹出一个"用户账户控制面板"信息对话框，来提示用户，如图 5-53 所示。

图 5-52 删除账户

图 5-53 信息对话框

5.3.6 创建密码恢复盘

微视频

有时，进入系统的账户密码被黑客破解并修改后，用户就进不了系统了，但如果事先创建了密码恢复盘，就可以强制进行密码恢复以找到原来的密码。Windows 系统自带有创建账户密码恢复盘功能，利用该功能可以创建密码恢复盘。

创建密码恢复盘的具体操作步骤如下。

Step01 单击"开始"→"控制面板"命令，打开"控制面板"窗口，双击"用户账户"图标，如图 5-54 所示。

Step02 打开"用户账户"窗口，在其中选择要创建密码恢复盘的账户，如图 5-55 所示。

图 5-54 "控制面板"窗口

Step03 单击"创建密码重置盘"超链接，弹出"欢迎使用忘记密码向导"对话框，如图 5-56 所示。

图 5-55　"用户账户"窗口

图 5-56　"欢迎使用忘记密码向导"对话框

Step04 单击"下一步"按钮，弹出"创建密码重置盘"对话框，如图 5-57 所示。

Step05 单击"下一步"按钮，弹出"当前用户账户密码"对话框，在下面的文本框中输入当前用户密码，如图 5-58 所示。

图 5-57　"创建密码重置盘"对话框

图 5-58　"当前用户账户密码"对话框

Step06 单击"下一步"按钮，开始创建密码重设盘，创建完毕后，将它保存到安全的地方，这样就可以在密码丢失后进行账户密码恢复了。

5.4　Microsoft 账户的安全防护

Microsoft 账户是用于登录 Windows 的电子邮件地址和密码，本节来介绍 Microsoft 账户的设置与应用，从而保护计算机系统。

5.4.1　注册并登录 Microsoft 账户

要想使用 Microsoft 账户管理此设备，首先需要做的就是在此设备上注册并登录 Microsoft 账户，注册并登录 Microsoft 账户的操作步骤如下。

微视频

Step01 单击"开始"按钮，在弹出的"开始屏幕"中单击登录用户，在弹出的下拉列表中选择"更改账户设置"选项，如图 5-59 所示。

Step 02 打开"设置 - 账户"窗口，在其中选择"你的电子邮件和账户"选项，如图 5-60 所示。

图 5-59 "更改账户设置"选项

图 5-60 "设置 - 账户"窗口

Step 03 单击"电子邮件、日历和联系人"下方的"添加账户"选项，如图 5-61 所示。

Step 04 弹出"选择账户"列表，在其中选择"Outlook.com"选项，如图 5-62 所示。

图 5-61 "添加账户"选项

图 5-62 "选择账户"列表

Step 05 弹出"添加你的 Microsoft 账户"对话框，在其中可以输入 Microsoft 账户的电子邮件或手机以及密码，如图 5-63 所示。

Step 06 如果没有 Microsoft 账户，则需要单击"创建一个！"超链接，弹出"让我们来创建你的账户"对话框，在其中输入账户信息，如图 5-64 所示。

图 5-63 "添加你的 Microsoft 账户"对话框

图 5-64 输入账户信息

Step 07 单击"下一步"按钮，弹出"添加安全信息"对话框，在其中输入手机号码，如图 5-65 所示。

Step 08 单击"下一步"按钮，弹出"查看与你相关度最高的内容"对话框，在其中查看相关说明信息，如图 5-66 所示。

图 5-65　输入手机号码

图 5-66　查看说明信息

Step 09 单击"下一步"按钮，弹出"是否使用 Microsoft 账户登录此设备？"对话框，在其中输入你的 Windows 密码，如图 5-67 所示。

Step 10 单击"下一步"按钮，弹出"全部完成"对话框，提示用户你的账户已经成功设置，如图 5-68 所示。

图 5-67　输入 Windows 密码

图 5-68　"全部完成"对话框

Step 11 单击"完成"按钮，使用 Microsoft 账户登录到本台计算机上，至此，就完成了 Microsoft 账户的注册与登录操作，如图 5-69 所示。

图 5-69　完成账户注册

微视频

5.4.2　设置账户登录密码

为账户设置登录密码，在一定程度上保护的计算机的安全，为 Microsoft 账户设置登录密码的操作步骤如下。

Step01 以 Microsoft 账户类型登录本台设备，然后选择"设置 - 账户"窗口中的"登录选项"选项，进入"登录选项"设置界面，如图 5-70 所示。

Step02 单击"密码"区域下方的"更改"按钮，弹出"更改你的 Microsoft 账户密码"对话框，在其中输入当前密码和新密码，如图 5-71 所示。

Step03 单击"下一步"按钮，完成 Microsoft

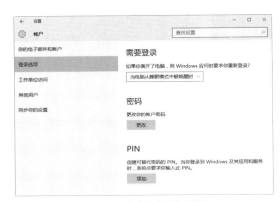

图 5-70　"登录选项"界面

账户登录密码的更改操作，最后单击"完成"按钮，如图 5-72 所示。

图 5-71　输入密码

图 5-72　完成密码更改

微视频

5.4.3　设置 PIN 码

PIN 码是可以替代登录密码的一组数据，当用户登录到 Windows 及其应用和服务时，系统会要求用户输入 PIN 码，设置 PIN 码的操作步骤如下。

Step01 在"设置 - 账户"窗口中选择"登录选项"选项，在右侧可以看到用于设置 PIN 码的区域，如图 5-73 所示。

Step02 单击 PIN 区域下方的"添加"按钮，弹出"请重新输入密码"对话框，在其中输入账户的登录密码，如图 5-74 所示。

图 5-73　PIN 码设置区域

图 5-74　输入密码

Step 03 单击"登录"按钮，进入"设置 PIN"界面，在其中输入 PIN 码，如图 5-75 所示。

Step 04 单击"确定"按钮，完成 PIN 码的添加操作，并返回"登录选项"设置界面当中，如图 5-76 所示。

图 5-75　输入 PIN 码

图 5-76　完成 PIN 码的添加

Step 05 如果想要更改 PIN 码，则可以单击 PIN 区域下方的"更改"按钮，进入"更改 PIN"界面，在其中输入更改后的 PIN 码，然后单击"确定"按钮即可，如图 5-77 所示。

Step 06 如果忘记了 PIN 码，则可以在"登录选项"设置界面中单击 PIN 区域下方的"我忘记了我的 PIN"超链接，如图 5-78 所示。

图 5-77　"更改 PIN"界面

图 5-78　忘记了 PIN 码

Step 07 弹出"首先，请验证你的账户密码"对话框，在其中输入登录账户密码，如图 5-79 所示。

Step 08 单击"确定"按钮，进入"设置 PIN"界面，在其中重新输入 PIN 码，最后单击"确定"按钮即可，如图 5-80 所示。

图 5-79　输入登录账户密码

图 5-80　输入 PIN 码

Step 09 如果想要删除 PIN 码，则可以在"登录选项"设置界面中单击 PIN 设置区域下方的"删除"按钮，如图 5-81 所示。

Step 10 在 PIN 码区域显示出确实要删除 PIN 码的信息提示，如图 5-82 所示。

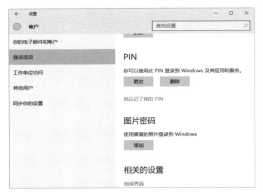 

图 5-81 "删除"按钮　　　　　　　　　　　图 5-82 PIN 码信息提示

Step 11 单击"删除"按钮，弹出"首先，请验证你的账户密码"对话框，在其中输入登录密码，如图 5-83 所示。

Step 12 单击"确定"按钮，删除 PIN 码，并返回"登录选项"设置界面，可以看到 PIN 设置区域只剩下"添加"按钮，说明删除成功，如图 5-84 所示。

图 5-83 输入登录密码　　　　　　　　　　图 5-84 删除 PIN 码

5.5 提升系统账户密码的安全性

用户在"组策略编辑器"窗口中进行相关功能的设置，可以提升系统账户密码的安全系数，如密码策略、账户锁定策略等。

5.5.1 设置账户密码的复杂性

在"组策略编辑器"窗口中通过密码策略可以对密码的复杂性进行设置，当用户设置的密码不符合密码策略时，就会弹出提示信息。

设置密码策略的操作步骤如下。

Step 01 在"本地组策略编辑器"窗口中展开"计算机配置"→"Windows 设置"→"安全设置"→"账户策略"→"密码策略"项，进入"密码策略设置"设置界面，如图 5-85 所示。

Step 02 双击"密码必须符合复杂性要求"选项，弹出"密码必须符合复杂性要求 属性"对话框，选中"已启用"单选按钮，启用密码复杂性要求，如图 5-86 所示。

图 5-85　"密码策略设置"界面

图 5-86　启用密码复杂性要求

Step03 双击"密码长度最小值"选项，弹出"密码长度最小值 属性"对话框，根据实际情况输入密码的最少字符个数，如图 5-87 所示。

提示：由于空密码和太短的密码都很容易被专用破解软件猜测到，为减小密码破解的可能性，密码应该尽量长。而且有特权用户（如 Administrators 组的用户）的密码长度最好超过 12 个字符。一个用来加强密码长度的方法是使用不在默认字符集中的字符。

Step04 双击"密码最长使用期限"选项，弹出"密码最长使用期限 属性"对话框，在"密码过期时间"文本中设置密码过期的天数，如图 5-88 所示。

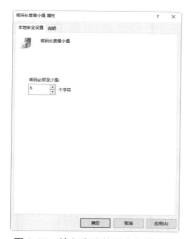

图 5-87　输入密码的最少字符个数

图 5-88　设置密码过期的天数

Step05 双击"密码最短使用期限"选项，弹出"密码最短使用期限 属性"对话框。根据实际情况设置密码最短存留期后，单击"确定"按钮即可。默认情况下，用户可在任何时间修改自己的密码，因此，用户可以更换一个密码，立刻再更改回原来的旧密码。这个选项可用的设置范围是 0（密码可随时修改）或 1 ～ 998（天），建议设置为 1 天，如图 5-89 所示。

Step06 双击"强制密码历史"选项，弹出"强制密码历史 属性"对话框，根据个人情况设置保留密码历史的个数，如图 5-90 所示。

图 5-89 设置密码最短使用期限　　　　　图 5-90 设置保留密码历史天数

5.5.2 开启账户锁定功能

Windows 10 系统具有账户锁定功能，可以在登录失败的次数达到管理员指定次数之后锁定该账户。如可以设定在登录失败次数达到一定次数后启用本地账户锁定，可以设置在一定的时间之后自动解锁，或将锁定期限设置为"永久"。

启用账户锁定功能可以使黑客不能使用该账户，除非只尝试少于管理员设定的次数就猜解出密码；如果自己已经设置对登录记录的记录和检查，并记录这些登录事件，通过检查登录日志，就可以发现那些不安全的登录尝试。

如果一个账户已经被锁定，管理员可以使用 Active Directory、启用域账户、使用计算机管理等途径来启用本地账户，而不用等待账户自动启用。系统自带的 Administrator 账户不会随着账户锁定策略的设置而被锁定，但当使用远程桌面时，会因为账户锁定策略的设置而使得 Administrator 账户在设置的时间内，无法继续使用远程桌面。

在"本地组策略编辑器"窗口中启用"账户锁定"策略的具体操作步骤如下。

Step 01 在"本地组策略编辑器"窗口中展开"计算机配置"→"Windows 设置"→"安全设置"→"账户策略"→"账户锁定策略"选项，进入"账户锁定策略设置"窗口，如图 5-91 所示。

Step 02 在右侧"策略"列表中双击"账户锁定阈值"选项，弹出"账户锁定阈值 属性"对话框，如图 5-92 所示。

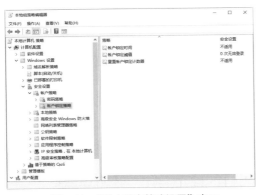

图 5-91 "账户锁定策略设置"窗口　　　　图 5-92 "账户锁定阈值 属性"对话框

Step03 在"账户不锁定"下拉框中根据实际情况选择输入相应的数字，这里输入的是 3，即表明登录失败 3 次后被猜测的账户将被锁定，如图 5-93 所示。

Step04 单击"应用"按钮，弹出"建议的数值改动"对话框。连续单击"确定"按钮，完成应用设置操作，如图 5-94 所示。

图 5-93　设置账户锁定阈值

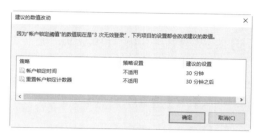

图 5-94　"建议的数值改动"对话框

Step05 在"账户锁定策略设置"窗口中的"策略"列表中双击"重置账户锁定计数器"选项，弹出"重置账户锁定计数器"对话框，在其中设置重置账户锁定计数器的时间，如图 5-95 所示。

Step06 在"账户锁定策略设置"窗口的"策略"列表中双击"账户锁定时间"选项，弹出"账户锁定时间 属性"对话框，在其中设置账户锁定时间，如图 5-96 所示。

图 5-95　设置账户锁定计数器的时间

图 5-96　设置账户锁定时间

5.5.3　利用组策略设置用户权限

当多人共用一台计算机时，可以在"本地组策略编辑器"窗中设置不同的用户权限。这样就限制黑客访问该计算机时要进行的某些操作，具体的操作步骤如下。

微视频

Step01 在"本地组策略编辑器"窗口中展开"计算机配置"→"Windows 设置"→"安全设置"→"本地策略"→"用户权限分配"选项，进入"用户权限分配设置"窗口，如图 5-97 所示。

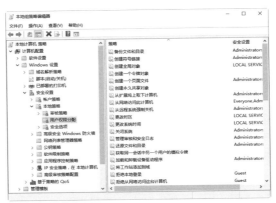

图 5-97 "用户权限分配设置"窗口

Step02 双击需要改变的用户权限选项，如"从网络访问此计算机"选项，弹出"从网络访问此计算机 属性"对话框，如图 5-98 所示。

Step03 单击"添加用户或组"按钮，弹出"选择用户或组"对话框，在"输入对象名称来选择"文本框中输入添加对象的名称，如图 5-99 所示。

图 5-98 "从网络访问此计算机 属性"对话框

图 5-99 "选择用户或组"对话框

Step04 单击"确定"按钮，完成用户权限的设置操作。

5.6 实战演练

5.6.1 实战 1：设置系统启动密码

在 Windows 10 操作系统之中，用户可以设置系统启动密码，具体的操作步骤如下。

Step01 按 Windows+R 组合键，弹出"运行"对话框，在"打开"文本框中输入 cmd，如图 5-100 所示。

Step02 单击"确定"按钮，系统弹出"命令提示符"窗口，输入 syskey，如图 5-101 所示。

图 5-100　"运行"对话框

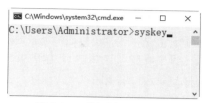

图 5-101　"命令提示符"窗口

Step03 按 Enter 键，弹出"保证 Windows 账户数据库的安全"对话框，如图 5-102 所示。

Step04 单击"更新"按钮，弹出"启动秘钥"对话框，选中"密码启用"单选按钮，并输入启动密码，如图 5-103 所示。

Step05 单击"确定"按钮，重启计算机，弹出"启动密码"对话框，在其中输入密码，如图 5-104 所示。

图 5-102　选中"启用加密"单选按钮

图 5-103　输入密码

图 5-104　"启动加密"对话框

Step06 单击"确定"按钮，进入操作系统，显示开机主页，如图 5-105 所示。

提示：如果要取消系统启动密码，在运行中输入"syskey"回车，在弹出的对话框中选择"更新"，然后分别选中"系统产生的密码"和"在本机上保存启动密码"单选按钮，单击"确定"即可，这样这个系统开机密码就被取消了，如图 5-106 所示。

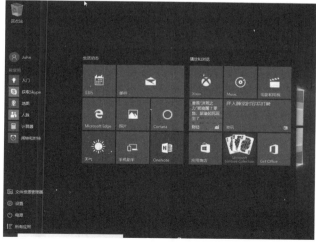

图 5-105　系统开机主页

图 5-106　取消系统启动密码

微视频

5.6.2 实战 2：取消 Windows 开机密码

虽然使用账户登录密码，可以保护电脑的隐私安全，但是每次登录时都要输入密码，对于一部分用户来讲，太过于麻烦。用户可以根据需求，选择是否使用开机密码，如果希望 Windows 可以跳过输入密码直接登录，可以参照以下步骤。

Step 01 按 Windows+R 组合键，弹出"运行"对话框，在文本框中输入 netplwiz，按 Enter 键确认，如图 5-107 所示。

Step 02 弹出"用户账户"对话框，选中本机用户，并取消对"要使用计算机，用户必须输入用户名和密码"复选框的勾选，单击"应用"按钮，如图 5-108 所示。

图 5-107　输入 netplwiz

图 5-108　"用户账户"对话框

Step 03 弹出"自动登录"对话框，在"密码"和"确认密码"文本框中输入当前账户密码，然后单击"确定"按钮即可取消开机登录密码，当再次重新登录时，无须输入用户名和密码，直接登录系统如图 5-109 所示。

图 5-109　输入账户密码

第 **6** 章

磁盘数据的安全防护

计算机系统中的大部分数据都存储在磁盘中，而磁盘又是一个极易出现问题的部件。为了能够有效地保护计算机的系统数据，最有效的方法就是将系统数据进行备份，这样，一旦磁盘出现故障，就能把损失降到最低。本章介绍磁盘数据的安全防护，主要内容包括备份磁盘各类数据、还原磁盘各类数据、恢复丢失的磁盘数据等。

6.1 数据丢失

硬件故障、软件破坏、病毒的入侵、用户自身的错误操作等，都有可能导致数据丢失，但大多数情况下，这些找不到的数据并没有真正丢失，这就需要根据数据丢失的具体原因而定。

6.1.1 数据丢失的原因

造成数据丢失的主要原因有如下几个方面。

（1）用户的误操作。由于用户错误操作而导致数据丢失的情况，在数据丢失的主要原因中所占比例很大。用户极小的疏忽都可能造成数据丢失，例如用户的错误删除或不小心切断电源等。

（2）黑客入侵与病毒感染。黑客入侵和病毒感染已越来越受关注，由此造成的数据破坏更不可低估。而且有些恶意程序具有格式化硬盘的功能，这对硬盘数据可以造成毁灭性的损失。

（3）软件系统运行错误。由于软件不断更新，各种程序和运行错误也就随之增加，如程序被迫意外中止或突然死机，都会使用户当前所运行的数据因不能及时保存而丢失。如在运行 Microsoft Office Word 编辑文档时，常常会发生应用程序出现错误而不得不中止的情况，此时，当前文档中的内容就不能完整保存甚至全部丢失。

（4）硬盘损坏。硬件损坏主要表现为磁盘划伤、磁组损坏、芯片及其他元器件烧坏、突然断电等，这些损坏造成的数据丢失都是物理性质的，一般通过 Windows 自身无法恢复数据。

（5）自然损坏。风、雷电、洪水及意外事故（如电磁干扰、地板振动等）也有可能导致数据丢失，但这些原因出现的可能性比上述几种原因要低很多。

6.1.2 发现数据丢失后的操作

当发现计算机中的硬盘丢失数据后，应当注意以下事项。

（1）当发现自己硬盘中的数据丢失后，应立刻停止一些不必要的操作，如误删除、误格式化之后，最好不要再往磁盘中写数据。

（2）如果发现丢失的是 C 盘数据，应立即关机，以避免数据被操作系统运行时产生的虚拟内存和临时文件破坏。

（3）如果是服务器硬盘阵列出现故障，最好不要进行初始化和重建磁盘阵列，以免增加恢复难度。

（4）如果是磁盘出现坏道读不出来时，最好不要反复读盘。

（5）如果是磁盘阵列等硬件出现故障，最好请专业的维修人员来对数据进行恢复。

6.2　备份磁盘各类数据

磁盘当中存放的数据有很多类，如分区表、引导区、驱动程序等系统数据，还有电子邮件、系统桌面数据、磁盘文件等本地数据，对这些数据进行备份可以在一定程度上保护数据的安全。

6.2.1　分区表数据的备份

如果分区表损坏会造成系统启动失败、数据丢失等严重后果。这里以使用 DiskGenius V5.4 软件为例，来讲述如何备份分区表，具体的操作步骤如下。

Step 01 打开软件 DiskGenius V5.4，选择需要保存备份分区表的分区，如图 6-1 所示。

Step 02 选择"硬盘"→"备份分区表"菜单项，用户也可以按 F9 键备份分区表，如图 6-2 所示。

图 6-1　DiskGenius V5.4 工作界面

图 6-2　"备份分区表"菜单项

Step 03 弹出"设置分区表备份文件名及路径"对话框，在"文件名"文本框中输入备份分区表的名称，如图 6-3 所示。

Step 04 单击"保存"按钮，开始备份分区表，当备份完成后，弹出 DiskGenius 信息对话框，提示用户当前硬盘的分区表已经备份到指定的文件中，如图 6-4 所示。

图 6-3　输入备份分区表的名称

图 6-4　信息对话框

提示：为了分区表备份文件的安全，建议将其保存到当前硬盘以外的硬盘或其他存储介质中，如优盘、移动硬盘、光盘等。

6.2.2　驱动程序的修复与备份

在 Windows 10 操作系统中，用户可以对指定的驱动程序进行备份。一般情况下，用户备份驱动程序常常借助于第三方软件，比较常用的是驱动精灵。

微视频

1. 使用驱动精灵修复有异常的驱动

驱动精灵是由驱动之家研发的一款集驱动自动升级、驱动备份、驱动还原、驱动卸载、硬件检测等多功能于一身的专业驱动软件。利用驱动精灵可以在没有驱动光盘的情况下，为自己的设备下载、安装、升级、备份驱动程序。

利用驱动精灵修复异常驱动的具体操作步骤如下。

Step01 下载并安装好驱动精灵后，直接双击计算机桌面上的驱动精灵图标，打开该程序，如图 6-5 所示。

Step02 在"驱动精灵"窗口中单击"立即检测"按钮，开始对计算机进行全面体检，如图 6-6 所示。

图 6-5　驱动精灵界面

图 6-6　检测驱动信息

Step03 检测完成后，会在"驱动管理"界面给出检测结果，如图 6-7 所示。

Step04 单击"一键安装"按钮，开始下载并安装有异常的驱动程序，如图 6-8 所示。

图 6-7　驱动检测结果

图 6-8　下载并安装驱动程序

2. 使用驱动精灵备份单个驱动

Step01 在"驱动精灵"窗口中选择"百宝箱"选项卡，进入百宝箱界面，如图 6-9 所示。

Step02 单击"驱动备份"图标，打开"驱动备份还原"工作界面，在其中显示了可以备份的驱动程序，如图 6-10 所示。

图 6-9　百宝箱界面

图 6-10　"驱动备份还原"工作界面

图 6-11　"设置"对话框

Step03 单击"修改文件路径"链接，弹出"设置"对话框，在其中可以设置驱动备份文件的保存位置和备份设置类型，如将驱动备份的类型设置为 ZIP 压缩文件或备份驱动到文件夹两个类型，如图 6-11 所示。

Step04 设置完毕后，单击"确定"按钮，返回"驱动备份还原"工作界面，在其中单击某个驱动程序右侧的"备份"按钮，开始备份单个硬件的驱动程序，并显示备份的进度，如图 6-12 所示。

Step05 备份完毕后，会在硬件驱动程序的后侧显示"备份完成"的信息提示，如图 6-13 所示。

图 6-12　备份驱动程序

图 6-13　备份完成

3. 使用驱动精灵一键备份所有驱动

一台完整的计算机包括主板、显卡、网卡、声卡等硬件设备，要想这些设备能够正常工作，就必须在按照好操作系统后，安装相应的驱动程序。因此，在备份驱动程序时，最好将所有的驱动程序都进行备份，具体的操作步骤如下。

Step01 在"驱动备份还原"工作界面中单击"一键备份"按钮，如图 6-14 所示。

Step02 开始备份所有硬件的驱动程序，并在后面显示备份的进度，如图 6-15 所示。

图 6-14　"一键备份"按钮

图 6-15　备份驱动程序

Step03 备份完成后，会在硬件驱动程序的右侧显示"备份完成"的信息提示，如图 6-16 所示。

6.2.3　磁盘文件数据的备份

Windows 10 操作系统为用户提供了备份文件的功能，用户只需通过简单的设置，就可以确保文件不会丢失。备份文件的具体操作步骤如下。

Step01 右击"开始"按钮，从弹出的快捷菜单中选择"控制面板"选项，弹出"控制面板"窗口，如图 6-17 所示。

Step02 在"控制面板"窗口中单击"查看方式"右侧的下拉按钮，在打开的下拉列表中选择"小图标"选项，单击"备份和还原"链接，如图 6-18 所示。

图 6-16　备份完成

微视频

图 6-17　"控制面板"窗口

图 6-18　选择"小图标"选项

Step03 弹出"备份或还原文件"窗口，在"备份"下面显示"尚未设置 Windows 备份"信息，表示还没有创建备份，如图 6-19 所示。

Step04 单击"设置备份"按钮，弹出"设置备份"对话框，系统开始启动 Windows 备份，并显示启动的进度，如图 6-20 所示。

Step05 启动完毕后，将弹出"选择要保存备份的位置"对话框，在"保存备份的位置"列表框中选择要保存备份的位置。如果想保存在网络上的位置，可以选择"保存在网络上"按钮。这里将保存备份的位置设置为本地磁盘（G），因此选择"本地磁盘（G）"选项，单击"下一步"按钮，如图 6-21 所示。

图 6-19 "备份或还原文件"窗口　　　　　　图 6-20 "设置备份"对话框

Step06 弹出"您希望备份哪些内容？"对话框，选中"让我选择"单选按钮。如果选中"让
Windows 选择（推荐）"单选按钮，则系统会备份库、桌面上以及在计算机上拥有用户账户的所有
人员的默认 Windows 文件夹中保存的数据文件，单击"下一步"按钮，如图 6-22 所示。

图 6-21 选择需要备份的磁盘　　　　　　图 6-22 选中"让我选择"单选按钮

Step07 在弹出的对话框中选择需要备份的文件，如勾选 Excel 办公文件夹左侧的复选框，单击
"下一步"按钮，如图 6-23 所示。

Step08 弹出"查看备份设置"对话框，在"计划"右侧显示自动备份的时间，单击"更改计划"
按钮，如图 6-24 所示。

图 6-23 选择需要备份的文件　　　　　　图 6-24 "查看备份设置"对话框

Step09 弹出"你希望多久备份一次"对话框，单击"哪一天"右侧的下拉按钮，在打开的下拉菜单中选择"星期二"选项，如图 6-25 所示。

Step10 单击"确定"按钮，返回"查看备份设置"对话框，如图 6-26 所示。

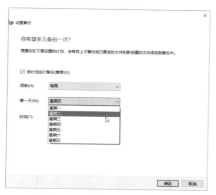

图 6-25　选择"星期二"选项

图 6-26　添加备份文件

Step11 单击"保存设置并运行备份"按钮，打开"备份和还原"窗口，系统开始自动备份文件并显示备份的进度，如图 6-27 所示。

Step12 备份完成后，将弹出"Windows 备份已成功完成"对话框。单击"关闭"按钮即可完成备份操作，如图 6-28 所示。

图 6-27　开始备份文件

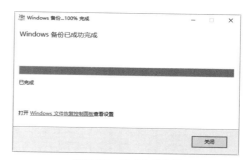

图 6-28　完成文件备份

6.3　还原磁盘各类数据

在上一节介绍了各类数据的备份，这样一旦发现自己的磁盘数据丢失，就可以进行恢复操作了。

6.3.1　还原分区表数据

当计算机遭到病毒破坏、加密引导区或误分区等操作导致硬盘分区丢失时，就需要还原分区表。这里以使用 DiskGenius V5.4 软件为例，来讲述如何还原分区表。

微视频

具体的操作步骤如下。

Step01 打开软件 DiskGenius V5.4，在其主界面中选择"硬盘"→"还原分区表"菜单项或按 F10 键，如图 6-29 所示。

Step02 弹出"选择分区表备份文件"对话框，在其中选择硬盘分区表的备份文件，如图 6-30 所示。

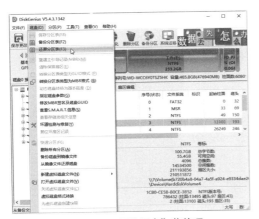

图 6-29　"还原分区表"菜单项

图 6-30　选择备份文件

图 6-31　"DiskGenius"信息对话框

Step03 单击"打开"按钮，打开"DiskGenius"信息对话框，提示用户是否从这个分区表备份文件还原分区表，如图 6-31 所示。

Step04 单击"是"按钮，还原分区表，且还原后将立即保存到磁盘并生效。

6.3.2　还原驱动程序数据

前面介绍了使用驱动精灵备份驱动程序的方法，下面介绍使用驱动精灵驱动程序的方法。

具体的操作步骤如下。

Step01 在驱动精灵的主窗口中单击"百宝箱"按钮，如图 6-32 所示。

Step02 进入百宝箱操作界面，在其中单击"驱动还原"图标，如图 6-33 所示。

图 6-32　驱动精灵的主窗口

图 6-33　百宝箱操作界面

Step03 进入"驱动备份还原"选项卡，打开驱动还原操作界面，如图 6-34 所示。

Step04 在"驱动备份"列表中选择需要还原的驱动程序，如图 6-35 所示。

Step05 单击"一键还原"按钮，驱动程序开始还原，这个过程相当于安装驱动程序的过程，如图 6-36 所示。

Step06 还原完成以后，会在驱动列表的右侧显示还原完成的信息提示，如图 6-37 所示。

图 6-34 "驱动备份还原"选项卡

图 6-35 选择需要还原的驱动程序

图 6-36 还原驱动程序

图 6-37 驱动程序还原完成

Step07 还原完成以后，会在"驱动备份还原"工作界面显示还原完成，重启后生效的信息提示，这时可以单击"立即重启"按钮，重新启动计算机，使还原的驱动程序生效，如图 6-38 所示。

6.3.3 还原磁盘文件数据

当对磁盘文件数据进行了备份，就可以通过"备份和还原"对话框对数据进行恢复，具体的操作步骤如下。

Step01 弹出"备份和还原"对话框，在"备份"类别中可以看到备份文件详细信息，如图 6-39 所示。

Step02 单击"还原我的文件"按钮，弹出"浏览或搜索要还原的文件和文件夹的备份"对话框，如图 6-40 所示。

微视频

图 6-38 还原完成重启生效

图 6-39 "备份和还原"对话框

图 6-40 还原文件

Step03 单击"选择其他日期"链接，弹出"还原文件"对话框，在"显示如下来源的备份"下拉列表中选择"上周"选项，然后选择"日期和时间"组合框中的"2022/1/29 12.54.49"选项，将所有的文件都还原到选中日期和时间的版本，单击"确定"按钮，如图 6-41 所示。

Step04 返回"浏览或搜索要还原的文件和文件夹的备份"对话框，如图 6-42 所示。

图 6-41 "还原文件"对话框   图 6-42 还原文件

Step05 如果用户想要查看备份的内容，可以单击"浏览文件"或"浏览文件夹"按钮，在弹出的对话框中查看备份的内容。这里单击"浏览文件"按钮，弹出"浏览文件的备份"对话框，在其中选择备份文件，如图 6-43 所示。

Step06 单击"添加文件"按钮，弹出"浏览或搜索要还原的文件和文件夹的备份"对话框，可以看到选择的备份文件已经添加到对话框中的列表框中，如图 6-44 所示。

图 6-43 "浏览文件的备份"对话框   图 6-44 还原文件

Step07 单击"下一步"按钮，弹出"您想在何处还原文件"对话框，在其中选中"在以下位置"单选按钮，如图 6-45 所示。

Step08 单击"浏览"按钮，弹出"浏览文件夹"对话框，选择文件还原的位置，如图 6-46 所示。

Step09 单击"确定"按钮，返回"还原文件"对话框。单击"还原"按钮，弹出"正在还原文件…"对话框，系统开始自动还原备份的文件，如图 6-47 所示。

Step10 当出现"已还原文件"对话框时，单击"完成"按钮即可完成还原操作，如图 6-48 所示。

图 6-45　"您想在何处还原文件"对话框

图 6-46　"浏览文件夹"对话框

图 6-47　"还原文件"对话框

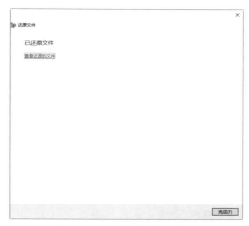

图 6-48　"已还原文件"对话框

6.4　恢复丢失的磁盘数据

当对磁盘数据没有进行备份操作，而且又发现磁盘数据丢失了，这时就需要借助其他方法或使用数据恢复软件进行丢失数据的恢复。

6.4.1　从回收站中还原

当用户不小心将某一文件删除，很有可能只是将其删除到回收站之中，如果还没有清除回收站中的文件，则可以将其从回收站中还原出来。这里以删除本地磁盘 F 中的图片文件夹为例，来具体介绍如何从回收站中还原删除的文件。

具体的操作步骤如下。

Step01 双击桌面上的"回收站"图标，打开"回收站"窗口，在其中可以看到误删除的"美图"文件夹，如图 6-49 所示。

微视频

图 6-49　"回收站"窗口

Step02 右击该文件夹，从弹出的快捷菜单中选择"还原"选项，如图 6-50 所示。

Step03 将回收站之中的"图片"文件夹还原到其原来的位置，如图 6-51 所示。

图 6-50 "还原"选项

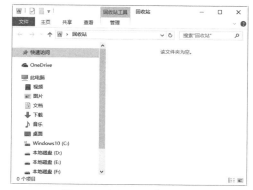

图 6-51 还原"图片"文件夹

Step04 打开本地磁盘 F，在"本地磁盘 F"窗口中看到还原的美图文件夹，如图 6-52 所示。

Step05 双击美图文件夹，在打开的"美图"窗口中显示出图片的缩略图，如图 6-53 所示。

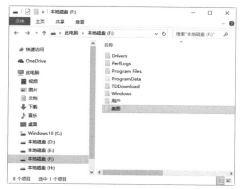

图 6-52 "本地磁盘 F"窗口

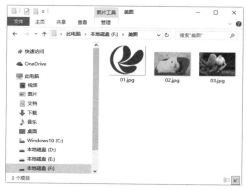

图 6-53 "美图"窗口

微视频

6.4.2 清空回收站后的恢复

当把回收站中的文件清除后，用户可以使用注册表来恢复清空回收站之后的文件，具体的操作步骤如下。

Step01 右击"开始"按钮，从弹出的快捷菜单中选择"运行"选项，如图 6-54 所示。

Step02 弹出"运行"对话框，在"打开"文本框中输入注册表命令 regedit，如图 6-55 所示。

图 6-54 "运行"选项

图 6-55 "运行"对话框

Step03 单击"确定"按钮，打开"注册表"窗口，如图 6-56 所示。

Step04 在窗口的左侧展开"HEKEY LOCAL MACHIME/SOFTWARE/MICROSOFT/WINDOWS/CURRENTVERSION/EXPLORER/DESKTOP/NAMESPACE"树形结构，如图 6-57 所示。

图 6-56　"注册表"窗口

图 6-57　展开注册表分支结构

Step05 在窗口的左侧空白处右击，从弹出的快捷菜单中选择"新建"→"项"选项，如图 6-58 所示。

Step06 即可新建一个项，并将其重命名为"645FFO40-5081-101B-9F08-00AA002F954E"，如图 6-59 所示。

图 6-58　"项"选项

图 6-59　重命名新建项

Step07 在窗口的右侧选中系统默认项并右击，在弹出的快捷菜单中选择"修改"选项，弹出"编辑字符串"对话框，将数值数据设置为"回收站"，如图 6-60 所示。

Step08 单击"确定"按钮，退出注册表，重新启动计算机，即可将清空的文件恢复出来，如图 6-61 所示。

图 6-60　"编辑字符串"对话框

图 6-61　恢复清空的文件

Step09 右击该文件夹，从弹出的快捷菜单中选择"还原"选项，如图 6-62 所示。

Step10 将回收站之中的"图片"文件夹还原到其原来的位置，如图 6-63 所示。

图 6-62 "还原"选项

图 6-63 还原图片文件夹

6.4.3 使用 EasyRecovery 恢复数据

EasyRecovery 是世界著名数据恢复公司 Ontrack 的技术杰作，利用 EasyRecovery 进行数据恢复，就是通过 EasyRecovery 将分布在硬盘上的不同位置的文件碎块找回来，并根据统计信息将这些文件碎块进行重整，然后 EasyRecovery 会在内存中建立一个虚拟的文件夹系统，并列出所有的目录和文件。

使用 EasyRecovery 恢复数据的具体操作步骤如下。

Step01 双击桌面上的 EasyRecovery 图标，进入"EasyRecovery"主窗口，如图 6-64 所示。

Step02 单击 EasyRecovery 主界面上的"数据恢复"功能项，进入软件的数据恢复子系统窗口，在其中显示了高级恢复、删除恢复、格式化恢复、原始恢复等项目，如图 6-65 所示。

图 6-64 "EasyRecovery"主窗口

图 6-65 数据恢复子系统窗口

Step03 选择 F 盘上的"图片 .rar"文件将其进行彻底删除，单击"数据恢复"功能项中的"删除恢复"按钮，开始扫描系统，如图 6-66 所示。

Step04 在扫描结束后，将会弹出"目的地警告"警告提示，建议用户将文件复制到与恢复来源不同的一个安全位置，如图 6-67 所示。

图 6-66 开始扫描系统

图 6-67 "目的地警告"警告提示

Step 05 单击"确定"按钮，将会自动弹出如图 6-68 所示的对话框，提示用户选择一个要恢复删除文件的分区，这里选择 F 盘。在"文件过滤器"中进行相应的选择，如果误删除的是图片，则在文件过滤器中选择"图像文档"选项。但若用户要恢复的文件是不同类型的，可直接选择所有文件，再选中"完全扫描"选项。

Step 06 单击"下一步"按钮，软件开始扫描选定的磁盘，并显示扫描进度，如已用时间、剩余时间、找到目录、找到文件等，如图 6-69 所示。

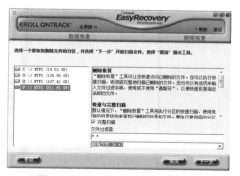

图 6-68　选择要恢复删除文件的分

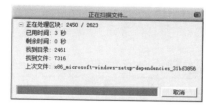

图 6-69　扫描选定的磁盘

Step 07 在扫描完毕之后，将扫描到的相关文件及资料在对话框左侧以树状目录列出来，右侧则显示具体删除的文件信息。在其中选择要恢复的文档或文件夹，这里选择"图片 .rar"文件，如图 6-70 所示。

Step 08 单击"下一步"按钮，可在弹出的对话框中设置恢复数据的保存路径，如图 6-71 所示。

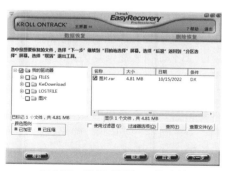

图 6-70　选择"图片 .rar"文件

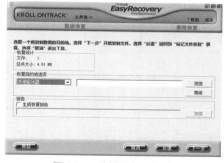

图 6-71　选择恢复目的地

Step 09 单击"浏览"按钮，弹出"浏览文件夹"对话框，在其中选择恢复数据保存的位置，如图 6-72 所示。

Step 10 单击"确定"按钮，返回设置恢复数据保存的路径，如图 6-73 所示。

图 6-72　"浏览文件夹"对话框

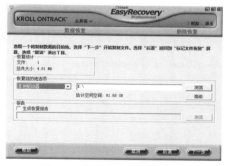

图 6-73　设置恢复目的地为 E 盘

Step 11 单击"下一步"按钮，软件自动将文件恢复到指定的位置，如图 6-74 所示。

Step 12 在完成文件恢复操作之后，EasyRecovery 将会弹出一个恢复完成的提示信息窗口，在其中显示了数据恢复的详细内容，包括源分区、文件大小、已存储数据的位置等内容，如图 6-75 所示。

Step 13 单击"完成"按钮，弹出"保存恢复"对话框。单击"否"按钮，完成恢复，如果还有其他的文件要恢复，则可以选择"是"按钮，如图 6-76 所示。

图 6-74 恢复数据

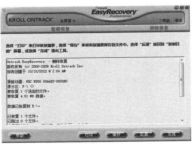
图 6-75 设置恢复目的地为 E 盘

图 6-76 信息对话框

6.5 实战演练

6.5.1 实战1：恢复丢失的磁盘簇

微视频

磁盘空间丢失的原因有多种，如误操作、程序非正常退出、非正常关机、病毒的感染、程序运行中的错误或者是对硬盘分区不当等情况都有可能使磁盘空间丢失。磁盘空间丢失的根本原因是存储文件的簇丢失了。那么如何才能恢复丢失的磁盘簇呢？在命令提示符窗口中用户可以使用CHKDSK/F命令找回丢失的簇。

具体的操作步骤如下。

Step 01 单击"开始"按钮，从弹出的"开始"面板中选择"所有程序"→"附件"→"运行"菜单项，弹出"运行"对话框，在"打开"文本框中输入注册表命令"cmd"，如图 6-77 所示。

Step 02 单击"确定"按钮，打开"cmd.exe"运行窗口，在其中输入"chkdsk d:/f"，如图 6-78 所示。

图 6-77 "运行"对话框

Step 03 按 Enter 键，此时会显示输入的 D 盘文件系统类型，并在窗口中显示 chkdsk 状态报告，同时列出符合不同条件的文件，如图 6-79 所示。

图 6-78 "cmd.exe"运行窗口

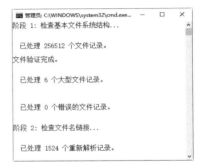
图 6-79 显示 chkdsk 状态报告

6.5.2　实战 2：使用 BitLocker 加密磁盘

对磁盘加密主要是使用 Windows 10 操作系统中的 BitLocker 功能，它主要是用于解决用户数据的失窃、泄露等安全性问题，具体的操作步骤如下。

Step01 右击"开始"按钮，从弹出的快捷菜单中选择"控制面板"选项，打开"控制面板"窗口，如图 6-80 所示。

Step02 在控制面板窗口中单击"系统和安全"连接，打开"系统和安全"窗口，如图 6-81 所示。

图 6-80　"控制面板"窗口

图 6-81　"系统和安全"窗口

Step03 在该窗口中单击"BitLocker 驱动器加密"链接，打开"通过驱动器进行加密来帮助保护您的文件和文件夹"窗口，在窗口中显示了可以加密的驱动器盘符和加密状态，展开各个盘符后，单击盘符后面的"启用 BitLocker"链接，对各个驱动器进行加密，如图 6-82 所示。

Step04 单击 D 盘后面的"启用 BitLocker"链接，弹出"正在启动 BitLocker"对话框，如图 6-83 所示。

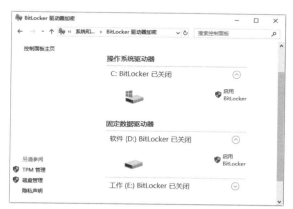

图 6-82　"BitLocker 驱动器加密"窗口

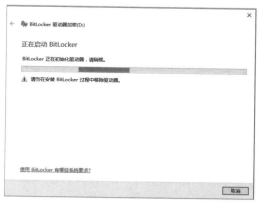

图 6-83　"正在启动 BitLocker"对话框

Step05 启动 BitLocker 完成后，弹出"选择希望解锁此驱动器的方式"对话框，勾选"使用密码解锁驱动器"复选框，按要求输入内容，如图 6-84 所示。

Step06 单击"下一步"按钮，弹出"你希望如何备份恢复密钥"对话框，可以选择保存到 Microsoft 账户、保存到文件和打印恢复密钥选项，这里选择保存到文件选项，如图 6-85 所示。

图 6-84　输入密码

图 6-85　"你希望如何备份恢复密钥"对话框

Step07 弹出"将 BitLocker 恢复密钥另存为"对话框，本窗口将选择恢复密钥保存的位置，在文件名文本框中更改文件的名称，如图 6-86 所示。

Step08 单击"保存"按钮，关闭对话框，返回"你希望如何备份恢复密钥"对话框，在对话框的下侧显示已保存恢复密钥的提示信息，如图 6-87 所示。

图 6-86　更改文件名称

图 6-87　信息对话框

Step09 单击"下一步"按钮，进入选择要加密的驱动器空间大小，如图 6-88 所示。

Step10 单击"下一步"按钮，选择要使用的加密模式，如图 6-89 所示。

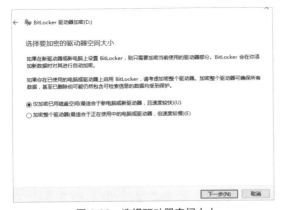

图 6-88　选择驱动器空间大小

图 6-89　选择要使用的加密模式

Step 11 单击"下一步"按钮，是否准备加密该驱动器，如图 6-90 所示。

Step 12 单击"开始加密"按钮，开始对可移动驱动器进行加密，加密的时间与驱动器的容量有关，但是加密过程不能中止，如图 6-91 所示。

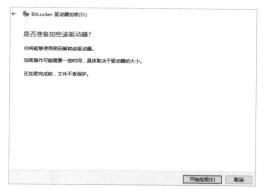

图 6-90　选择是否准备加密该驱动器

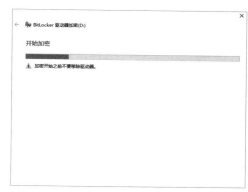

图 6-91　开始加密

Step 13 开始加密启动完成后，弹出"BitLocker 驱动器加密"对话框，它显示加密的进度，如图 6-92 所示。

Step 14 单击"继续"按钮，可继续对驱动器进行加密，加密完成后，将弹出信息对话框，提示用户已经加密完成。单击"关闭"按钮，D 盘的加密完成，如图 6-93 所示。

图 6-92　显示加密的进度

图 6-93　加密完成

第7章

文件密码数据的安全防护

文件的安全问题是伴随着计算机的诞生而诞生，如何才能做到文件的绝对安全，这是安全专家一直致力研究的方向。本章介绍文件密码数据的防护策略，主要内容包括常用破解文件密码的方式、各类文件密码的防护策略等内容。

7.1 破解文件密码的常用方式

随着计算机和互联网的普及以及发展，越来越多的人习惯于把自己的隐私数据保存在个人计算机中，而黑客要想知道文件解密后的信息，就需要利用破解密码技术对其进行解密。

7.1.1 破解 Word 文档密码

Word Password Recovery 可以帮助黑客快速破解 Word 文档密码，包括暴力破解、字典破解和增强破解 3 种方式。破解 Word 密码的具体操作步骤如下。

Step01 下载并安装 Word Password Recovery 程序，打开"Word Password Recovery"操作界面，用户可以设置不同的解密方式，从而提高解密的针对性，加快解密速度，如图 7-1 所示。

Step02 单击"浏览"按钮，弹出"打开"对话框，在其中选择需要破解的文档，如图 7-2 所示。

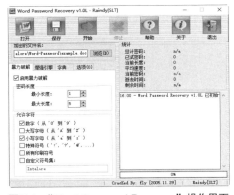

图 7-1 "Word Password Recovery"操作界面

图 7-2 "打开"对话框

Step03 单击"打开"按钮，返回 Word Password Recovery 操作窗口，并在"暴力破解"选项卡下设置密码的长度、允许的字符，如图 7-3 所示。

Step04 单击"开始"按钮，开始破解加密的 Word 文档，如图 7-4 所示。

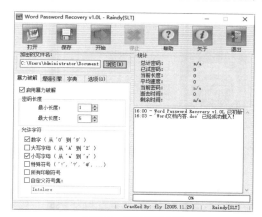

图 7-3 设置密码属性

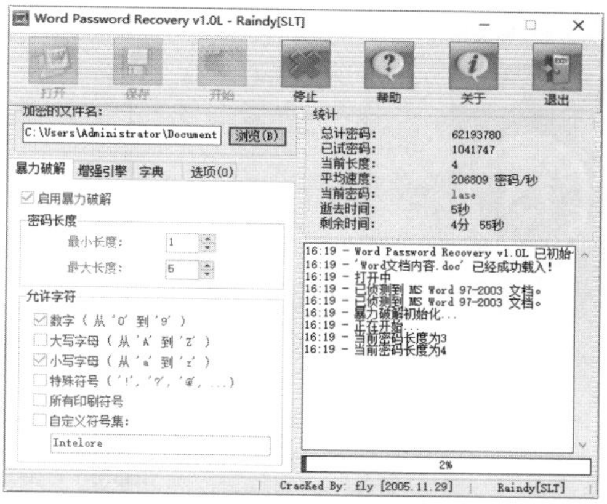

图 7-4 破解 Word 文档密码

Step05 在破解完毕之后，将弹出"密码已经成功恢复"对话框，并将相关信息显示在该对话框之中，如图 7-5 所示。

7.1.2 破解 Excel 文档密码

Excel Password Recovery 是一款简单好用的 Excel 密码破解软件，可以帮助用户快速找回遗忘丢失的 Excel 密码，再也不用担心忘记密码的问题了。

微视频

图 7-5 "密码已经成功恢复"对话框

使用 Excel Password Recovery 破解 Excel 文档密码的操作步骤如下。

Step01 下载并安装 Excel Password Recover 程序，打开 Excel Password Recover 操作界面，在"恢复"选项卡下用户可以设置攻击加密文档的类型，如图 7-6 所示。

Step02 单击"打开"按钮，弹出"打开文件"对话框，在其中选择需要破解的 Excel 文档，如图 7-7 所示。

图 7-6 "恢复"选项卡

图 7-7 "打开文件"对话框

Step03 单击"打开"按钮，返回"Excel Password Recovery"操作窗口，如图 7-8 所示。

Step04 单击"开始"按钮，开始破解加密的 Excel 工作簿，如图 7-9 所示。

图 7-8　选择破解方式

图 7-9　开始破解加密文件

图 7-10　密码成功破解

Step05 在破解完毕之后，将弹出"密码已经成功恢复"对话框，并将相关信息显示在该对话框之中，如图 7-10 所示。

7.1.3　破解 PDF 文件密码

APDFPR 的全称为 Advanced PDF Password Recovery，该软件主要用于破解受密码保护的 PDF 文档，能够瞬间完成解密过程，解密后的文档可以用任何 PDF 查看器打开，并能对其进行编辑、复制、打印等任意操作。

使用 APDFPR 破解 PDF 文档的具体操作步骤如下。

Step01 启动 APDFPR 软件，在打开的操作界面中单击"打开"按钮，如图 7-11 所示。

Step02 弹出"打开"对话框，选择需要破解的 PDF 文档，单击"打开"按钮，如图 7-12 所示。

图 7-11　APDFPR 工作界面

图 7-12　"打开"对话框

Step03 返回软件主界面，在"攻击类型"下拉列表中选择破解方式为"暴力"选项，如图 7-13 所示。

Step04 选择"范围"选项卡，分别勾选"所有大写拉丁文""所有小写拉丁文""所有数字"和"所有特殊符号"复选框，主要设置解密时密码的长度范围及允许参与密码组合的字符，如图 7-14 所示。

Step05 选择"长度"选项卡，设置解密时密码的长度范围及允许参与密码组合的字符，如图 7-15 所示。

Step06 选择"自动保存"选项卡，设置破解过程中自动保存的时间间隔，如图 7-16 所示。

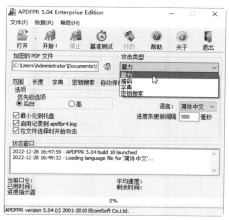

图 7-13　选择攻击类型

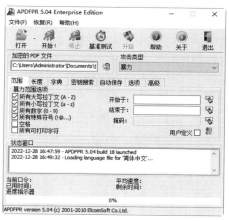

图 7-14　"范围"选项卡

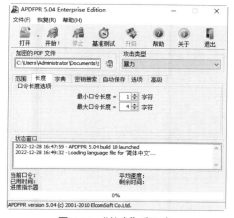

图 7-15　"长度"选项卡

图 7-16　"自动保存"选项卡

Step 07 单击"开始"按钮 ，开始破解，相关破解信息将在"状态窗口"区域中显示，如图 7-17 所示。

Step 08 如果破解成功，则弹出相应的对话框，提示"口令已成功恢复！"信息，单击"确定"按钮，完成解密工作，如图 7-18 所示。

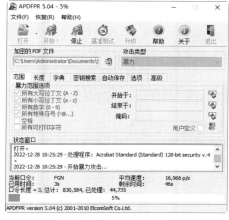

图 7-17　开始破解密码

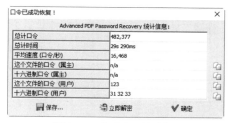

图 7-18　完成密码的破解

7.1.4 破解压缩文件密码

ARCHPR 的全称 Advanced Archive Password Recovery，该软件需要用于破解压缩文件，下面介绍使用 ARCHPR 破解压缩文件密码的具体操作步骤。

Step01 下载并安装 ARCHPR 工具，双击桌面上的快捷图标，打开其主窗口，如图 7-19 所示。

Step02 单击"打开"按钮，弹出"打开"对话框，在其中选择加密的压缩文档，如图 7-20 所示。

图 7-19　ARCHPR 工作界面

图 7-20　选择加密的压缩文档

Step03 单击"打开"按钮，返回"ARCHPR"主窗口，并在其中设置组合密码的各种字符，也可以设置密码的长度、破解方式等选项，如图 7-21 所示。

Step04 单击"开始"按钮，开始破解压缩密码，如图 7-22 所示。

图 7-21　设置密码属性

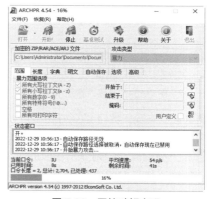

图 7-22　开始破解密码

图 7-23　信息对话框

Step05 解密完成后，弹出一个信息对话框，在其中可以看到解压出来的密码，如图 7-23 所示。

7.2 文件密码的安全防护

在了解各类文件密码的破解方式之后，用户不难发现，这些方式能够破解成功的是一些比较简单的密码。因此，用户要想保护自己的文件密码不被破解，最简单的方式就是给各类文件加上比较复杂的密码，如密码包括数字、字母或特殊符号等，并且密码的长度最好超过 8 个字符。

7.2.1　加密 Word 文档

Word 自身就提供了简单的加密功能，可以通过 Word 所提供的"选项"功能轻松实现文档的密码设置。

具体的操作步骤如下。

Step01 打开一个需加密的文档，选择"文件"选项卡，在打开的"文件"界面中选择"另存为"选项，然后选择文件保存的位置为"这台电脑"，如图 7-24 所示。

Step02 单击"浏览"按钮，弹出"另存为"对话框，在其中单击"工具"按钮，在弹出的下拉列表中选择"常规选项"选项，如图 7-25 所示。

图 7-24　"文件"界面

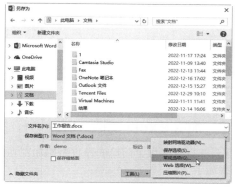

图 7-25　"另存为"对话框

Step03 弹出"常规选项"对话框，在其中设置打开当前文档时的密码及修改当前文档时的密码（这两个密码既可以相同，也可以不同），如图 7-26 所示。

Step04 输入完毕后，弹出"确认密码"对话框，在"请再次输入打开文件时的密码"文本框中输入打开该文件的密码，如图 7-27 所示。

图 7-26　"常规选项"对话框

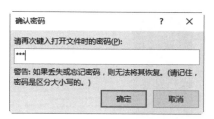

图 7-27　"确认密码"对话框

Step05 单击"确定"按钮，弹出"确认密码"对话框，在"请再次输入修改文件时的密码"文本框中输入修改该文件的密码，如图 7-28 所示。

Step06 单击"确定"按钮，返回"另存为"对话框之中，在"文件名"文本框中输入保存文件的名称，如图 7-29 所示。

Step07 单击"保存"按钮，将打开的 Word 文档保存起来，当再次打开时，将会弹出"密码"对话框，在其中提示用户输入打开文件所需的密码，如图 7-30 所示。

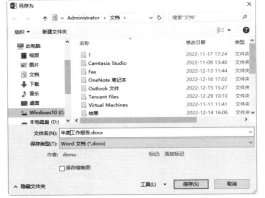

图 7-28 "确认密码"对话框   图 7-29 "另存为"对话框   图 7-30 "密码"对话框

7.2.2 加密 Excel 文档

微视频

Excel 自身提供了简单的设置密码加密功能，使用 Excel 自身功能加密解密 Excel 文件的具体操作步骤如下。

1. 加密解密Excel工作表

Step01 打开需要保护当前工作表的工作簿，单击"文件"选项卡，在打开的列表中选择"信息"选项，在"信息"区域中单击"保护工作簿"按钮，在弹出的下拉菜单中选择"保护当前工作表"选项，如图 7-31 所示。

Step02 弹出"保护工作表"对话框，系统默认勾选"保护工作表及锁定的单元格内容"复选框，也可以在"允许此工作表的所有用户进行"列表中选择允许修改的选项，如图 7-32 所示。

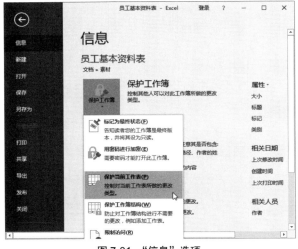

图 7-31 "信息"选项   图 7-32 "保护工作表"对话框

Step03 弹出"确认密码"对话框，在此输入密码，单击"确定"按钮，如图 7-33 所示。

Step04 返回 Excel 工作表中，双击任一单元格进行数据修改，则会弹出如图 7-34 所示的对话框。

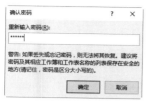

图 7-33　"确认密码"对话框　　　　　　　　图 7-34　信息对话框

Step05 如果要取消对工作表的保护，可单击"信息"选项卡，然后在"保护工作簿"选项中，单击"取消保护"超链接，如图 7-35 所示。

Step06 在弹出的"撤销工作表保护"对话框中，输入设置的密码，单击"确定"按钮即可取消保护，如图 7-36 所示。

图 7-35　"信息"选项卡

图 7-36　"撤销工作表保护"对话框

2. 加密解密工作簿

Step01 打开需要密码进行加密的工作簿。单击"文件"选项卡，在打开的列表中选择"信息"选项，在"信息"区域中单击"保护工作簿"按钮，在弹出的下拉菜单中选择"用密码进行加密"选项，如图 7-37 所示。

Step02 弹出"加密文档"对话框，输入密码，单击"确定"按钮，如图 7-38 所示。

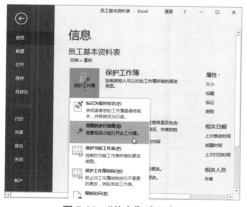

图 7-37　"信息"选项卡

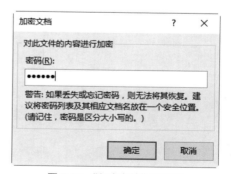

图 7-38　"加密文档"对话框

Step03 弹出"确认密码"对话框，再次输入密码，单击"确定"按钮，如图 7-39 所示。

Step04 为文档使用密码进行加密。在"信息"区域内显示已加密，如图 7-40 所示。

Step05 打开文档时，将弹出"密码"对话框，输入密码后单击"确定"按钮，打开工作簿，如图 7-41 所示。

图 7-39 "确认密码"对话框

图 7-40 加密 Excel 文档

图 7-41 "密码"对话框

图 7-42 "加密文档"对话框

Step06 如果要取消加密，在"信息"区域中单击"保护工作簿"按钮，在弹出的下拉菜单中选择"用密码进行加密"选项，弹出"加密文档"对话框，清除文本框中的密码，单击"确定"按钮，取消工作簿的加密，如图 7-42 所示。

7.2.3 加密 PDF 文件

当利用 Adobe Acrobat Professional 来创建 PDF 文档时，用户可以使用口令安全性对其添加限制，以禁止打开、打印或编辑文档，

微视频

包含这些安全限制的 PDF 文档被称为受限制的文档，具体的操作步骤如下。

Step01 在制作好 PDF 文件内容后，选择"高级"→"安全性"→"使用口令加密"选项，如图 7-43 所示。

Step02 弹出"口令安全性 - 设置"对话框，勾选"要求打开文档的口令"复选框，并在"文档打开口令"文本框中输入打开文档的口令，如图 7-44 所示。

图 7-43 "使用口令加密"选项

图 7-44 "口令安全性 - 设置"对话框

Step 03 单击"确定"按钮，弹出"确认文档打开口令"对话框，在"文档打开口令"文本框中再次输入打开的口令，如图 7-45 所示。

Step 04 单击"确定"按钮，弹出"Acrobat 安全性"对话框，提示用户安全性设置在您保存文档之后才能应用至本文档，如图 7-46 所示。

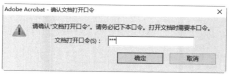

图 7-45　输入打开的口令

图 7-46　信息对话框

Step 05 单击"确定"按钮，保存创建好的 PDF 文档，然后打开创建好的 PDF 文档，则系统将弹出"口令"对话框，如图 7-47 所示。

Step 06 在"输入口令"文本框中输入创建的口令密码，如图 7-48 所示。

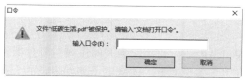

图 7-47　"口令"对话框

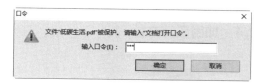

图 7-48　输入口令密码

Step 07 单击"确定"按钮，打开该文档，如图 7-49 所示。

Step 08 如果需要查看或者修改安全性属性，则选择"高级"→"安全性"→"显示安全性属性"菜单项，弹出"文档属性"对话框，在其中查看该文档属性，如图 7-50 所示。

图 7-49　"文档属性"对话框

图 7-50　"文档属性"对话框

Step 09 在其中单击"显示详细信息"按钮，弹出"文档安全性"对话框，在其中查看文档的安全性属性，如图 7-51 所示。

Step 10 若在"文档属性"对话框中单击"更改设置"按钮，弹出"口令安全性 - 设置"对话框，在其中可以对文档进行相应的修改，如图 7-52 所示。

提示：修改文档口令的安全性与设置文档口令的安全性相似，这里不再重述。

图 7-51 "文档安全性"对话框

图 7-52 "口令安全性 - 设置"对话框

7.2.4 加密压缩文件

微视频

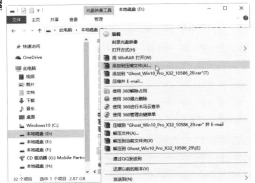

图 7-53 计算机驱动器窗口

WinRAR 是一款功能强大的压缩包管理器，该软件可用于备份数据，缩减电子邮件附件的大小，解压缩从互联网上下载的 RAR、ZIP 2.0 及其他文件，并且可以新建 RAR 及 ZIP 格式的文件。

使用 WinRAR 的自身加密功能对文件进行加密的具体操作步骤如下。

Step01 在计算机驱动器窗口中选中需要压缩并加密的文件并右击，从弹出的快捷菜单中选择"添加到压缩文件"选项，如图 7-53 所示。

Step02 弹出"压缩文件名和参数"对话框，在"压缩文件格式"文本框中选中"RAR"单选按钮，并在"压缩文件名"文本框中输入压缩文件的名称，如图 7-54 所示。

Step03 单击"设置密码"按钮，弹出"带密码压缩"对话框，在其中"输入密码"和"再次输入密码以确认"文本框中输入自己的密码，如图 7-55 所示。

Step04 这样当解压缩该文件时，会弹出输入密码的提示信息框。只有在其中输入正确的密码后，才可以对该文件解压，如图 7-56 所示。

图 7-54 "压缩文件名和参数"对话框

图 7-55 "带密码压缩"对话框

图 7-56 "输入密码"对话框

微视频

7.2.5　加密文件或文件夹

用户可以给文件或文件夹进行加密，从而保护数据的安全，加密文件或文件夹的具体操作步骤如下。

Step01 选择需要加密的文件或文件夹右击，从弹出的快捷菜单中选择"属性"选项，如图 7-57 所示。

Step02 弹出"属性"对话框，选择"常规"选项卡，单击"高级"按钮，如图 7-58 所示。

Step03 弹出"高级属性"对话框，勾选"加密内容以便保护数据"复选框，单击"确定"按钮，如图 7-59 所示。

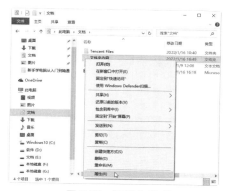
图 7-57　"属性"选项

图 7-58　"常规"选项卡

图 7-59　"高级属性"对话框

Step04 返回"属性"对话框，单击"应用"按钮，弹出"确认属性更改"对话框，选中"将更改应用于此文件夹、子文件夹和文件"单选按钮，如图 7-60 所示。

Step05 单击"确定"按钮，返回"属性"对话框，单击"确定"按钮，弹出"应用属性"对话框，系统开始自动对所选的文件夹进行加密操作，如图 7-61 所示。

Step06 加密完成后，可以看到被加密的文件夹图标上添加了小锁图标，表示加密成功，如图 7-62 所示。

图 7-60　"确认属性更改"对话框

图 7-61　"应用属性"对话框

图 7-62　加密成功

7.3　实战演练

7.3.1　实战 1：显示文件的扩展名

Windows 10 系统默认情况下并不显示文件的扩展名，用户可以通过设置显示文件的扩展名。

微视频

图 7-63 "文件资源管理器"窗口

具体的操作步骤如下。

Step01 单击"开始"按钮，在弹出的"开始屏幕"中选择"文件资源管理器"选项，打开"文件资源管理器"窗口，如图 7-63 所示。

Step02 选择"查看"选项卡，在打开的功能区域中选择"显示/隐藏"区域中的"文件扩展名"复选框，如图 7-64 所示。

Step03 此时打开一个文件夹，用户便可以查看到文件的扩展名，如图 7-65 所示。

图 7-64 "查看"选项卡

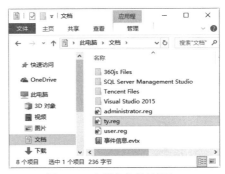

图 7-65 查看文件的扩展名

7.3.2 实战 2：限制编辑 Word 文档

微视频

限制编辑是指控制其他人可对文档进行哪些类型的更改，这对文档具有保护作用，为文档添加限制编辑的具体操作步骤如下。

Step01 打开需要限制编辑的 Word 文档，单击"文件"选项卡，在打开的列表中选择"信息"选项，在"信息"区域中单击"保护文档"按钮，在弹出的下拉菜单中选择"限制编辑"选项，如图 7-66 所示。

Step02 在文档的右侧弹出"限制编辑"窗格，勾选"仅允许在文档中进行此类型的编辑"复选框，单击"不允许任何更改（只读）"文本框右侧的下拉按钮，在弹出的下拉列表中选择允许修改的类型，这里选择"不允许任何更改（只读）"选项，如图 7-67 所示。

Step03 单击"限制编辑"窗格中的"是，启动强制保护"按钮，如图 7-68 所示。

图 7-66 "限制编辑"选项

图 7-67 "限制编辑"窗格

图 7-68 启动强制保护

Step04 弹出"启动强制保护"对话框，选中"密码"单选按钮，输入新密码及确认新密码，单击"确定"按钮，如图 7-69 所示。

提示： 如果选中"用户验证"单选按钮，已验证的所有者可以删除文档保护。

Step05 此时就为文档添加了限制编辑。当阅读者想要修改文档时，在文档下方显示"由于所选内容已被锁定，您无法进行此更改"字样，如图 7-70 所示。

Step06 如果用户想要取消限制编辑，在"限制编辑"窗格中单击"停止保护"按钮即可，如图 7-71 所示。

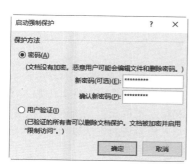

图 7-69 输入密码

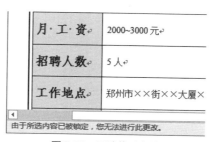

图 7-70 无法修改文档

图 7-71 停止保护文档

第**8**章

系统入侵与远程控制的安全防护

随着计算机的发展以及应用的广泛性，越来越新的操作系统为满足用户的需求，在其中加入了远程控制功能，这一功能本来是方便用户使用的，但也为黑客们所利用。本章介绍系统入侵与远程控制的防护策略，主要内容包括系统入侵的常用手段、远程控制工具入侵系统的方法以及控制的防护等。

8.1 通过账号入侵系统的防护

入侵计算机系统是黑客的首要任务，无论采用什么手段，只要入侵到目标主机的系统当中，这一台计算机就相当于是黑客了。本节介绍几种常见的入侵计算机系统的方式。

8.1.1 使用 DOS 命令创建隐藏账号

微视频

黑客在成功入侵一台主机后，会在该主机上建立隐藏账号，以便长期控制该主机，下面介绍使用命令创建隐藏账号的操作步骤。

Step01 右击"开始"按钮，从弹出的快捷菜单中选择"运行"选项，弹出"运行"对话框，在"打开"文本框中输入 cmd，如图 8-1 所示。

Step02 单击"确定"按钮，打开"命令提示符"窗口。在其中输入 net user ty\$ 123456 /add 命令，按 Enter 键，成功创建一个名为"ty\$"，密码为"123456"的隐藏账号，如图 8-2 所示。

Step03 输入 net localgroup administrators ty\$ /add 命令，按 Enter 键后，对该隐藏账号赋予管理员权限，如图 8-3 所示。

图 8-1 "运行"对话框

图 8-2 "命令提示符"窗口

图 8-3 赋予管理员权限

Step04 再次输入 net user 命令，按 Enter 键后，可显示当前系统中所有已存在的账号信息。但是却发现刚刚创建的"ty\$"并没有显示，如图 8-4 所示。

　　由此可见，隐藏账号可以不被命令查看到，不过，这种方法创建的隐藏账号并不能被完美隐藏。查看隐藏账号的具体操作步骤如下。

图 8-4　显示用户账户信息

Step01 在桌面上右击"此电脑"图标，从弹出的快捷菜单中选择"管理"选项，打开"计算机管理"窗口，如图 8-5 所示。

Step02 依次展开"系统工具"→"本地用户和组"→"用户"选项，这时在右侧的窗格中可以发现创建的 ty$ 隐藏账号依然会被显示，如图 8-6 所示。

图 8-5　"计算机管理"窗口

图 8-6　显示隐藏用户

　　注意：这种隐藏账号的方法并不实用，只能做到在"命令提示符"窗口中隐藏，属于入门级的系统账户隐藏技术。

8.1.2　在注册表中创建隐藏账号

　　注册表是 Windows 系统的数据库，包含系统中非常多的重要信息，也是黑客最多关注的地方。下面就来看看黑客是如何使用注册表来更好地隐藏。

微视频

Step01 选择"开始"→"运行"选项，弹出"运行"对话框，在"打开"文本框中输入 regedit，如图 8-7 所示。

图 8-7　"运行"对话框

Step02 单击"确定"按钮，打开"注册表编辑器"窗口，在左侧窗口中，依次选择 HKEY_LOCAL_MACHINE\SAM\SAM 注册表项，右击 SAM，从弹出的快捷菜单中选择"权限"选项，如图 8-8 所示。

Step03 弹出"SAM 的权限"对话框，在"组或用户名称"栏中选择"Administrators"，然后在"Administrators 的权限"栏中分别勾选"完全控制"和"读取"复选框，单击"确定"按钮保存设置，如图 8-9 所示。

Step04 依次选择 HKEY_LOCAL_MACHINE\SAM\SAM\Domains\Account\Users\ Names 注册表项，可查看到以当前系统中的所有系统账户名称命名的子项，如图 8-10 所示。

Step05 右击"ty$"项，从弹出的快捷菜单中选择"导出"选项，如图 8-11 所示。

Step06 弹出"导出注册表文件"对话框，将该项命名为 ty.reg，然后单击"保存"按钮，导出 ty.reg，如图 8-12 所示。

Step07 按照 Step05 的方法，将 HKEY_LOCAL_MACHINE\SAM\SAM\Domains\ Account\Users\ 下的 000001F4 和 000003E9 项分别导出并命名为 administrator.reg 和 user.reg，如图 8-13 所示。

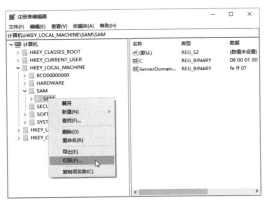

图 8-8 "注册表编辑器"窗口

图 8-9 "SAM 的权限"对话框

图 8-10 查看系统账户

图 8-11 "导出"选项

图 8-12 "导出注册表文件"对话框

图 8-13 导出注册表文件

Step08 用记事本打开 administrator.reg，选中 "F"= 后面的内容并复制下来，然后打开 user.reg，将 "F"= 后面的内容替换掉。完成后，将 user.reg 进行保存，如图 8-14 所示。

Step09 打开"命令提示符"窗口，输入 net user ty$ /del 命令，按 Enter 键后，将建立的隐藏账号"ty$"删除，如图 8-15 所示。

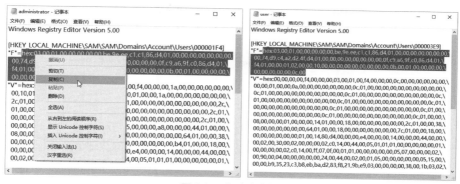

图 8-14　记事本文件

Step 10 分别将 ty.reg 和 user.reg 导入到注册表中，完成注册表隐藏账号的创建，在"本地用户和组"窗口中，也查看不到隐藏账号，如图 8-16 所示。

图 8-15　"命令提示符"窗口

图 8-16　"计算机管理"窗口

提示：利用此种方法创建的隐藏账号在注册表中还是可以查看到的。为了保证建立的隐藏账号不被管理员删除，还需要对 HKEY_LOCAL_MACHINE\SAM\SAM 注册表项的权限取消。这样，即便是真正的管理员发现了并要删除隐藏账号，系统就会报错，并且无法再次赋予权限。经验不足的管理员就只能束手无策了。

8.1.3　揪出黑客创建的隐藏账号

微视频

当确定了自己的计算机遭到了入侵，可以在不重装系统的情况下采用如下方式"抢救"被入侵的系统。隐藏账号的危害是不容忽视的，用户可以通过设置组策略，使黑客无法使用隐藏账号登录，具体的操作步骤如下。

Step 01 右击"开始"按钮，从弹出的快捷菜单中选择"运行"选项，弹出"运行"对话框，在"打开"文本框中输入 gpedit.msc，如图 8-17 所示。

Step 02 单击"确定"按钮，打开"本地组策略编辑器"窗口，依次展开"计算机配置"→"Windows 设置"→"安全设置"→"本地策略"→"审核策略"选项，如图 8-18 所示。

图 8-17　"运行"对话框

Step 03 双击右侧窗口中的"审核策略更改"选项，弹出"审核策略更改 属性"对话框，勾选"成功"复选框，单击"确定"按钮保存设置，如图 8-19 所示。

Step 04 按照上述步骤，将"审核登录事件"选项做同样的设置，如图 8-20 所示。

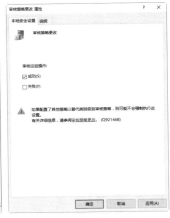

图 8-18 "本地组策略编辑器"窗口　　　图 8-19 "审核策略更改 　　　图 8-20 "审核登录事件
　　　　　　　　　　　　　　　　　　　 属性"对话框 　　　　　　　属性"对话框

Step 05 按照上述步骤，将"审核过程跟踪"选项做同样的设置，如图 8-21 所示。

Step 06 设置完成后，用户就可以通过"计算机管理"窗口中的"事件查看器"选项中，查看所有登录过系统的账号及登录的时间，如果有可疑的账号在这里一目了然，即便黑客删除了登录日志，系统也会自动记录删除日志的账号，如图 8-22 所示。

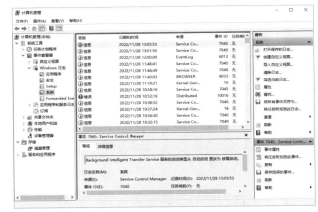

图 8-21 "审核过程跟踪 属性"对话框　　　　　图 8-22 "计算机"窗口

提示：在确定了黑客的隐藏账号之后，却无法删除。这时，可以通过"命令提示符"窗口，运行 net user "隐藏账号" "新密码" 命令来更改隐藏账号的登录密码，使黑客无法登录该账号。

8.2　通过远程控制工具入侵系统

通过远程控制工具入侵目标主机系统的方法有多种，常见的有 telnet、ssh、vnc、远程桌面等技术，除此之外还有一些专门的远程控制工具，如 RemotelyAnywhere、PcAnywhere 等。

8.2.1　什么是远程控制

远程控制是在网络上由一台计算机（主控端 / 客户端）远距离去控制另一台计算机（被控端 / 服务器端）的技术，而远程一般是指通过网络控制远端计算机，和操作自己的计算机一样。

远程控制一般支持 LAN、WAN、拨号方式、互联网方式等网络方式。此外，有的远程控制软件还支持通过串口、并口等方式来对远程主机进行控制。随着网络技术的发展，目前很多远程控制软件提供通过 Web 界面以 Java 技术来控制远程计算机，这样可以实现不同操作系统下的远程控制。远程控制的应用体现在如下几个方面。

（1）远程办公。这种远程的办公方式不仅大大缓解了城市交通状况，还免去了人们上下班路上奔波的辛劳，更可以提高企业员工的工作效率和工作兴趣。

（2）远程技术支持。一般情况下，远距离的技术支持必须依赖技术人员和用户之间的电话交流来进行，这种交流既耗时又容易出错。有了远程控制技术，技术人员就可以远程控制用户的计算机，就像直接操作本地计算机一样，只需要用户的简单帮助就可以看到该机器存在问题的第一手材料，很快找到问题的所在并加以解决。

（3）远程交流。商业公司可以依靠远程技术与客户进行远程交流。采用交互式的教学模式，通过实际操作来培训用户，从专业人员那里学习知识就变得十分容易。而教师和学生之间也可以利用这种远程控制技术实现教学问题的交流，学生可以直接在计算机中进行习题的演算和求解，在此过程中，教师能够轻松看到学生的解题思路和步骤，并加以实时的指导。

（4）远程维护和管理。网络管理员或者普通用户可以通过远程控制技术对远端计算机进行安装和配置软件、下载并安装软件修补程序、配置应用程序和进行系统软件设置等操作。

8.2.2　远程控制他人计算机

远程桌面功能是 Windows 系统自带的一种远程管理工具。它具有操作方便、直观等特征。如果目标主机开启了远程桌面连接功能，就可以在网络中的其他主机上连接控制这台目标主机了。

在 Windows 系统中开启远程桌面的具体操作步骤如下。

Step01 右击"此电脑"图标，从弹出的快捷菜单中选择"属性"选项，打开"系统"窗口，如图 8-23 所示。

Step02 单击"远程设置"链接，弹出"系统属性"对话框，在其中勾选"允许远程协助连接这台计算机"复选框，设置完毕后，单击"确定"按钮，完成设置，如图 8-24 所示。

图 8-23　"系统"窗口

图 8-24　"系统属性"对话框

Step03 选择"开始"→"Windows 附件"→"远程桌面连接"选项，打开"远程桌面连接"窗口，如图 8-25 所示。

Step04 单击"显示选项"按钮，展开即可看到选项的具体内容。在"常规"选项卡中的"计算机"下拉文本框中选择需要远程连接的计算机名称或 IP 地址；在"用户名"文本框中输入相应的用户名，如图 8-26 所示。

Step05 选择"显示"选项卡，在其中可以设置远程桌面的大小、颜色等属性，如图 8-27 所示。

图 8-25 "远程桌面连接"窗口　　图 8-26 输入计算机名称　　图 8-27 "显示"选项卡

Step06 如果需要远程桌面与本地计算机文件进行传输，则需在"本地资源"选项卡下设置相应的属性，如图 8-28 所示。

Step07 单击"详细信息"按钮，在"本地设备和资源"中选择需要的驱动器后，单击"确定"按钮，返回"远程桌面连接"设置的窗口中，如图 8-29 所示。

Step08 单击"连接"按钮，进行远程桌面连接，如图 8-30 所示。

图 8-28 "本地资源"选项卡　　图 8-29 选择需要的驱动器　　图 8-30 连接远程桌面

Step09 单击"连接"按钮，弹出"远程桌面连接"对话框，显示正在启动远程连接，如图 8-31 所示。

Step10 启动远程连接完成后，将弹出"Windows 安全性"对话框。在"用户名"文本框中输入登录用户的名称；在"密码"文本框中输入登录密码，如图 8-32 所示。

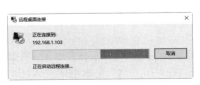

图 8-31 "远程桌面连接"对话框　　　　图 8-32 输入登录密码

Step11 单击"确定"按钮，会弹出一个信息对话框，提示用户是否继续连接，如图 8-33 所示。

Step12 单击"是"按钮，登录远程计算机桌面，此时可以在该远程桌面上进行任何操作，如图 8-34 所示。

另外，在需要断开远程桌面连接时，只需在本地计算机中单击远程桌面连接窗口上的"关闭"按钮，弹出"远程桌面连接"对话框。单击"确定"按钮，可断开远程桌面连接，如图 8-35 所示。

图 8-33　信息对话框

图 8-34　成功连接远程桌面

图 8-35　信息对话框

提示：在进行远程桌面连接之前，需要双方都勾选"允许远程用户连接到此计算机"复选框，否则将无法成功创建连接。

8.2.3　利用浏览器入侵系统

RemotelyAnywhere 工具是利用浏览器进行远程连接入侵控制的小程序，使用时需要实现在目标主机上安装该软件，并知道该主机的连接地址以及端口，这样其他任何主机都可以通过浏览器来访问目标主机了。

微视频

1. 安装 RemotelyAnywhere

下面来学习如何安装 RemotelyAnywhere 软件，具体的操作步骤如下。

Step01 运行 RemotelyAnywhere 安装程序，在弹出的对话框中单击 Next 按钮，如图 8-36 所示。

Step02 弹出 RemotelyAnywhere License Agreement 对话框，单击 I Agree 按钮，如图 8-37 所示。

Step03 弹出 Software options 对话框。选中 Custom 单选按钮，可以手工指定软件安装配置项，本实例选中 Typical 单选按钮，使用默认配置，单击 Next 按钮，如图 8-38 所示。

图 8-36　RemotelyAnywhere 对话框

图 8-37　协议信息

图 8-38　Software options 对话框

Step04 弹出 Choose Destination Location 对话框，单击 Browse 按钮，可以改变安装目录，本实例采用默认配置，单击 Next 按钮，如图 8-39 所示。

Step05 弹出 Start copying files 对话框，显示已配置信息，信息中说明连接服务器的端口为 2000，单击 Next 按钮，如图 8-40 所示。

Step06 弹出 Install status 对话框，RemotelyAnywhere 程序正在安装，如图 8-41 所示。

图 8-39　选择配置方式　　图 8-40　Start copying files 对话框　　图 8-41　Install status 对话框

Step07 安装完成后，弹出 Setup Completed 对话框，对话框中标明可以使用地址 http://DESKTOP-JMQAA08:2000 和 http://ipaddress:2000 连接服务器，单击 Finish 按钮，如图 8-42 所示。

Step08 弹出 Windows 验证界面，在其中需要输入此计算机的用户名和密码，如图 8-43 所示。

图 8-42　Setup Completed 对话框　　　　图 8-43　Windows 验证界面

Step09 单击"登录"按钮，弹出 RemotelyAnywhere 激活方式选择界面，可以选中"我已是 RemotelyAnywhere 用户或已具有 RemotelyAnywhere 许可证"单选按钮进行激活，也可以选择"我希望现在购买 RemotelyAnywhere"在线激活，本实例选择"我想免费试用"试用，单击"下一步"按钮，如图 8-44 所示。

Step10 在弹出的界面的"电子邮件地址"文本框中输入激活使用的邮箱地址，并在"产品类型"列表选项中选择试用产品类型，本实例采用"服务器版"，单击"下一步"按钮，如图 8-45 所示。

图 8-44　选择激活方式　　　　图 8-45　输入邮箱地址

Step11 在弹出的界面中依次输入指定内容，单击"下一步"按钮，如图 8-46 所示。

Step12 RemotelyAnywhere 激活成功，需要重新启动 RemotelyAnywhere 程序，单击"重新启动 REMOTELYANYWHERE"按钮，如图 8-47 所示。

2. 连接入侵远程主机

安装 RemotelyAnywhere 软件并成功激活后，下面就可以通过浏览器连接入侵目标主机了，具体的操作步骤如下。

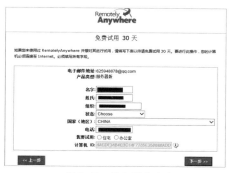

图 8-46　输入指定内容

图 8-47　RemotelyAnywhere 激活成功

Step 01 打开浏览器，在地址栏中输入 Remotely Anywhere 安装过程中提示的地址，通用格式为 "http://{ 目标服务器 IP| 主机名 | 域名 }:2000"，本实例使用 https://desktop-rjknmoc:2000/main.html 进行讲解，在 "用户名" 和 "密码" 文本框中输入有效的远程管理账户的信息，默认使用 Administrator 账号登录，如图 8-48 所示。

Step 02 单击 "登录" 按钮，进入 Remotely Anywhere 远程管理界面，左侧显示管理功能列表，用户可以使用不同的管理功能对远程主机进行多功能全方位的管理操作，如图 8-49 所示。

图 8-48　输入用户名与密码

图 8-49　Remotely Anywhere 远程管理界面

Step 03 单击 "继续" 按钮进行远程主机信息查看与管理，默认显示 "控制面板" 管理功能界面，如图 8-50 所示。

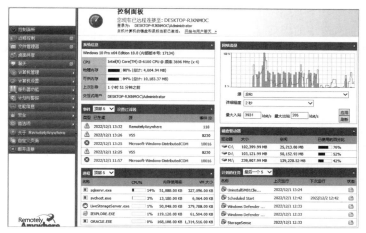

图 8-50　"控制面板" 窗口

通过该界面可以快速了解远程服务器的多种状态、信息，具体内容如下。

（1）系统信息：显示系统版本、CPU 型号、物理内存使用情况、总内存（包括虚拟内存）使用情况、系统已启动时间、登录系统账户。

（2）事件：显示最近发生的系统事件，默认显示 5 个事件。

（3）进程：显示进程的系统资源占用情况，默认以 CPU 占用比例为序，显示 CPU 占用率最高的 5 个进程。

（4）已安装的修补程序：最近安装的系统补丁，默认显示 5 个补丁信息。

（5）网络流量：动态显示网络流量信息。

（6）磁盘驱动器：所有分区的空间使用情况。

（7）计划的任务：显示最后执行的任务计划，默认为 5 个。

（8）最近的访问：系统最近访问记录。

（9）日记：管理员可在此区域编辑管理日记。

3. 远程操控目标主机

当成功入侵目标主机后，就可以通过浏览器远程操作目标主机了，具体的操作步骤如下。

Step01 选择左侧列表中的"远程控制"选项，在右侧窗格中显示了远程主机的界面，通过该窗格可以利用本地的鼠标、键盘、显示器直接控制远程主机。在窗格上侧有部分工具可以使用，包括颜色调整、远程桌面大小调整等，如图 8-51 所示。

Step02 选择左侧列表中的"文件管理器"选项，在右侧窗格中显示了本地和远程主机的资源管理器，在两个资源管理器中可以随意地拖曳文件，以实现资料互传，如图 8-52 所示。

图 8-51　远程主机的界面

图 8-52　"文件管理器"选项

Step03 选择左侧列表中的"桌面共享"选项，在右侧窗格中显示了实现桌面共享的操作方法。按照提示方法右击桌面状态栏的程序图标，从弹出的快捷菜单中选择"Share my Desktop…"选项，如图 8-53 所示。

Step04 弹出"桌面共享"对话框，选中"邀请来宾与您一起工作"单选按钮，单击"下一步"按钮，如图 8-54 所示。

Step05 弹出"邀请详情"对话框，可以在本对话框中配置邀请名，默认按时间显示，方便以后查看，还可以设置本次邀请的有效访问时限，在最后一个文本框中输入被邀请人连接目标主机使用的地址，全部选择默认配置，单击"下一步"按钮，如图 8-55 所示。

Step06 弹出"已创建邀请"对话框，在文本框中显示了被邀请人获得的地址，可以通过单击"复制"和"电子邮件"两个按钮，让被邀请人获得邀请地址，单击"完成"按钮，完成本次邀请，如图 8-56 所示。

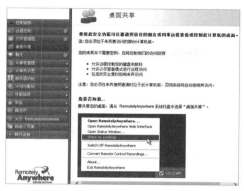

图 8-53　"Share my Desktop…"选项

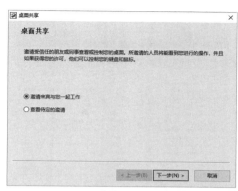

图 8-54　"桌面共享"对话框

图 8-55　"邀请详情"对话框

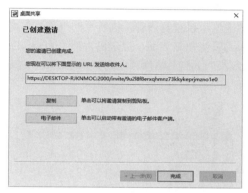

图 8-56　"已创建邀请"对话框

Step07 单击左侧列表中"聊天"选项，通过右侧窗格可以与被控制设备聊天，如图 8-57 所示。

Step08 选择左侧列表中的"计算机管理"→"用户管理器"选项，在右侧"用户管理器"窗格中显示了远程主机的用户和组信息，单击"添加用户"按钮可以为远程主机增加用户，同时可以单击用户名对其进行编辑，如图 8-58 所示。

图 8-57　"聊天"窗口

图 8-58　"用户管理器"窗格

Step09 选择左侧列表中的"计算机管理"→"事件查看器"选项，在右侧窗格中显示了"事件查看器"窗格，通过该窗格可以查看远程主机的事件信息，如图 8-59 所示。

Step10 选择左侧列表中的"计算机管理"→"服务"选项，在右侧窗格中显示了"服务"窗格，通过该窗格既可以查看远程主机所有的服务项，也可以单击这些服务项进行启动、禁用和删除操作，如图 8-60 所示。

图 8-59　"事件查看器"窗格

图 8-60　"服务"窗格

Step 11 选择左侧列表中的"计算机管理"→"进程"选项，在右侧窗格中显示了"进程"窗格，通过该窗格可以查看远程主机所有的进程，单击 PID 号为 848 的进程，如图 8-61 所示。

Step 12 弹出新界面，显示出进程名为 services.exe，同时还显示了该进程的其他信息，通过修改"优先级类"下拉菜单项可以调整该进程的优先级别，可以为需要优先执行的进程做调整，如图 8-62 所示。

图 8-61　"进程"窗格

图 8-62　进程信息

Step 13 选择左侧列表中的"计算机管理"→"注册表编辑器"选项，在右侧窗格中显示了"注册表编辑器"窗格，通过该窗格可以查看远程主机的注册表信息，如图 8-63 所示。

Step 14 选择左侧列表中的"计算机设置"→"环境变量"选项，在右侧窗格中显示了"环境变量"窗格，通过该窗格可以修改远程主机的环境变量信息，通过单击指定 环境变量选项进行调整，如图 8-64 所示。

图 8-63　"注册表编辑器"窗格

图 8-64　"环境变量"窗格

Step 15 选择左侧列表中的"计算机设置"→"虚拟内存"选项，在右侧窗格中显示了"虚拟内存"窗格，通过该窗格可以修改远程主机的不同磁盘驱动器提供虚拟内存的数量，建议不要选择 C 盘，总量设置为物理内存的 1.5 倍，单击"应用"按钮使配置生效，如图 8-65 所示。

Step 16 在左侧选项列表中选择"计划与警报"选项，该选项下有两个子选项，分别是电子邮件警报、任务计划程序。通过"电子邮件警报"选项可以监视系统接收的电子邮件信息，对垃圾邮件等有安全威胁的信息提供警报提示；通过"任务计划程序"选项可以为系统配置任务计划，如图 8-66 所示。

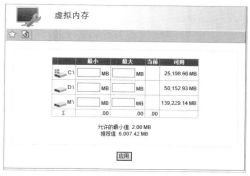

图 8-65 "虚拟内存"窗格

图 8-66 "任务计划程序"选项

Step 17 在左侧选项列表中选择"性能信息"→"CPU 负载"选项，在右侧显示"CPU 负载"窗格，该窗格显示了 CPU 的使用图表，从下表中可以看到各个进程的 CPU 使用情况，如图 8-67 所示。

Step 18 在左侧选项列表中选择"安全"→"访问控制"选项，在右侧显示"访问控制"窗格，通过该窗格可以设置部分访问控制内容，如为特定用户指定访问权限。配置完成后单击"应用"按钮生效，如图 8-68 所示。

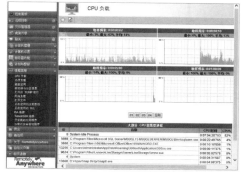

图 8-67 "CPU 负载"窗格

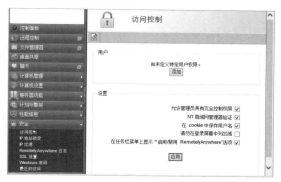

图 8-68 "访问控制"窗格

8.3 远程控制的安全防护

要想使自己的计算机不受远程控制入侵的困扰，就需要用户对自己的计算机进行相应的保护操作了，如关闭自己计算机的远程控制功能、安装相应的防火墙等。

8.3.1 关闭 Windows 远程桌面功能

关闭 Windows 远程桌面功能是防止黑客远程入侵系统的首要工作，具体的操作步骤如下。

微视频

147

Step01 右击"计算机"图标，从弹出的快捷菜单中选择"属性"选项，弹出"系统属性"对话框，如图 8-69 所示。

Step02 取消对"允许远程连接到此计算机"复选框的勾选，选中"不允许远程连接到此计算机"单选按钮，然后单击"确定"按钮，关闭 Windows 系统的远程桌面功能，如图 8-70 所示。

图 8-69 "系统属性"对话框

图 8-70 关闭远程桌面功能

微视频

8.3.2 开启系统的防火墙

为了更好地进行网络安全管理，Windows 系统特意为用户提供了防火墙功能。如果能够巧妙地使用该功能，就可以根据实际需要允许或拒绝网络信息通过，从而达到防范攻击、保护系统安全的目的。

使用 Windows 自带防火墙的具体操作步骤如下。

Step01 在"控制面板"窗口中双击"Windows 防火墙"图标项，弹出"Windows 防火墙"窗口，在窗口中显示此时 Windows 防火墙已经被开启，如图 8-71 所示。

Step02 单击"允许程序或功能通过 Windows 防火墙"链接，在打开的窗口中可以设置哪些程序或功能允许通过 Windows 防火墙访问外网，如图 8-72 所示。

图 8-71 "Windows 防火墙"窗口

图 8-72 "允许的应用"窗口

Step03 单击"更改通知设置"或"启用或关闭 Windows 防火墙"链接，打开的窗口中可以开启或关闭防火墙，如图 8-73 所示。

Step04 单击"高级设置"链接，进入"高级设置"窗口，在其中可以对入站、出站、连接安全等规则进行设定，如图 8-74 所示。

图 8-73 "自定义设置"窗口

图 8-74 "高级安全 Windows 防火墙"窗口

8.3.3 关闭远程注册表管理服务

远程控制注册表主要是为了方便网络管理员对网络中的计算机进行管理，但这样却给黑客入侵提供了方便。因此，必须关闭远程注册表管理服务，具体的操作步骤如下。

Step01 在"控制面板"窗口中双击"管理工具"选项，进入"管理工具"窗口，如图 8-75 所示。

Step02 从中双击"服务"选项，打开"服务"窗口，在其中可看到本地计算机中的所有服务，如图 8-76 所示。

图 8-75 "管理工具"窗口

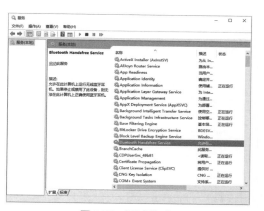

图 8-76 "服务"窗口

Step03 在"服务"列表中选中 Remote Registry 选项并右击，从弹出的快捷菜单中选择"属性"选项，弹出"Remote Registry 的属性"对话框，如图 8-77 所示。

Step04 单击"停止"按钮，打开"服务控制"对话框，提示 Windows 正在尝试启动本地计算机上的一些服务，如图 8-78 所示。

Step05 在服务启动完毕之后，返回"Remote Registry 的属性"对话框，此时即可看到"服务状态"已变为"已停止"，单击"确定"按钮，完成关闭"允许远程注册表操作"服务的关闭操作，如图 8-79 所示。

图 8-77 "Remote Registry 的属性"
对话框

图 8-78 "服务控制"对话框

图 8-79 关闭远程注册表操作

8.4 实战演练

微视频

8.4.1 实战 1：禁止访问控制面板

黑客可以通过控制面板进行多项系统的操作，用户若不希望他们访问自己的控制面板，可以在"本地组策略编辑器"窗口中启用"禁止访问控制面板"功能，具体的操作步骤如下。

Step01 打开"本地组策略编辑器"窗口，在其中依次展开"用户配置"→"管理模板"→"控制面板"项，进入"控制面板"设置界面，如图 8-80 所示。

Step02 右击"禁止访问控制面板和 PC 设置"选项，从弹出的快捷菜单中选择"编辑"选项，或双击"禁止访问控制面板和 PC 设置"选项，如图 8-81 所示。

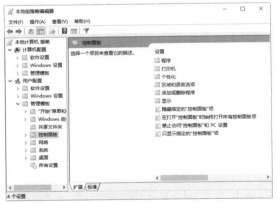

图 8-80 "本地组策略编辑器"窗口

图 8-81 "控制面板"设置界面

Step03 打开"禁止访问'控制面板'和 PC 设置"对话框，选中"已启用"单选按钮，单击"确定"按钮，完成禁止控制面板程序文件的启动，使得其他用户无法启动控制面板。此时还会将"开始"菜单中的"控制面板"命令、Windows 资源管理器中的"控制面板"文件夹同时删除，彻底禁止访问控制面板，如图 8-82 所示。

8.4.2 实战 2：启用和关闭快速启动功能

使用系统中的"启用快速启动"功能，可以加快系统的开机启动速度，启用和关闭快速启动功能的具体操作步骤如下。

Step01 单击"开始"按钮，在打开的"开始屏幕"中选择"控制面板"选项，打开"控制面板"窗口，如图 8-83 所示。

Step02 单击"电源选项"图标，打开"电源选项"设置界面，如图 8-84 所示。

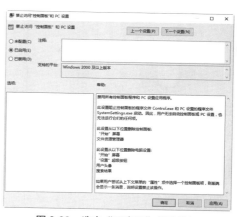

图 8-82 选中"已启用"单选按钮

图 8-83 "控制面板"窗口

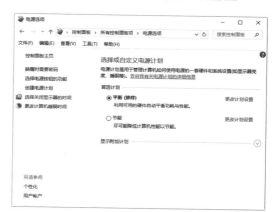

图 8-84 "电源选项"设置界面

Step03 单击"选择电源按钮的功能"超链接，打开"系统设置"窗口，在"关机设置"区域中勾选"启用快速启动（推荐）"复选框，单击"保存修改"按钮，启用快速启动功能，如图 8-85 所示。

Step04 如果想要关闭快速启动功能，则可以取消对"启用快速启动（推荐）"复选框的勾选，然后单击"保存修改"按钮即可，如图 8-86 所示。

图 8-85 "系统设置"窗口

图 8-86 关闭快速启动功能

第**9**章

网络账号及密码的安全防护

随着网络用户数量的飞速增长，各种各样的网络账号密码也越来越多，账号密码被盗的现象也屡见不鲜。本章就来介绍网络账号及密码的防护策略，主要内容包括 QQ 账号及密码的防护策略、邮箱账号及密码的防护策略及网游账号及密码的安全防护等。

9.1　QQ 账号及密码的安全防护

通过 QQ 聊天软件使广大网民打破了地域的限制，可以和任何地方的朋友进行交流，方便了工作和生活，但是随着 QQ 的普及，一些盗取 QQ 账号与密码的黑客也活跃起来。

9.1.1　盗取 QQ 密码的方法

下面介绍几种盗取 QQ 密码的方法。

1. 通过解除密码

解除别人的 QQ 密码有本地解除和远程解除两种方法。本地解除就是在本地机上解除，不需要再登录上网，如使用 QQ 密码终结者程序，只需选择好 QQ 号的目录所在路径之后，选择解除条件（如字母、数字型或混合型），再单击"开始"按钮即可。远程解除密码则使用一个称为"QQ机器人"的程序，可以快速在线解除一个或同时解除多个账号的密码。

2. 通过木马植入

木马攻击通常是通过网络、邮件等方式给用户发送木马的服务器端程序。一旦用户不小心运行了之后，该木马程序就会潜伏在用户的系统中，并把用户信息以电子邮件或其他方式发送给攻击者，这些当然也包括用户 QQ 信息。

9.1.2　使用盗号软件盗取 QQ 账号与密码

《QQ 简单盗》是一款经典的盗号软件，采用插入技术，本身不产生进程，因此难以被发现。它会自动生成一个木马，只要黑客将生成的木马发送给目标用户，并诱骗其运行该木马文件，就达到了入侵的目的。

使用《QQ 简单盗》偷取密码的具体操作步骤如下。

Step01 下载并解压《QQ 简单盗》文件夹，然后双击 QQ 简单盗 .exe 应用程序，打开"QQ 简单盗"主窗口，如图 9-1 所示。

Step02 在"收信邮箱""发信邮箱"和"发信箱密码"等文本框中分别输入邮箱地址和密码等信息；

在"smtp 服务器"下拉列表中选择一种邮箱的 SMTP 服务器，如图 9-2 所示。

Step03 设置完毕后，单击"测试发信"按钮，打开"请查看您的邮箱是否收到测试信件"对话框，如图 9-3 所示。

图 9-1　"QQ 简单盗"主窗口

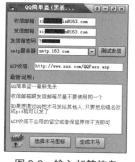

图 9-2　输入邮箱信息

图 9-3　信息对话框

Step04 单击 OK 按钮，然后在浏览器地址栏中输入邮箱的网址，进入"邮箱登录"界面，在其中输入设置的收信邮箱的账户和密码后，进入该邮箱界面，如图 9-4 所示。

Step05 双击接收到的"发信测试"邮件，进入该邮件的相应界面，当收到这样的信息，则表明"QQ 简单盗"发消息功能正常，如图 9-5 所示。

图 9-4　"邮箱登录"界面

图 9-5　查看邮箱信息

提示： 一旦 QQ 简单盗截获到 QQ 的账号和密码，会立即将内容发送到指定的邮箱当中。

Step06 在 QQ 简单盗主窗口中单击"选择木马图标"按钮，弹出"打开"对话框，根据需要选择一个常见的不易被人怀疑的文件作图标，如图 9-6 所示。

Step07 单击"打开"按钮，返回 QQ 简单盗主窗口，在窗口的左下方即可看到木马图标已经换成了普通图片，如图 9-7 所示。

图 9-6　"打开"对话框

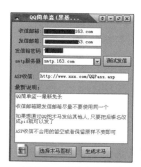

图 9-7　设置木马图片

Step08 单击"生成木马"按钮，弹出"另存为"对话框，在其中设置存放木马的位置和名称，如图 9-8 所示。

Step09 单击"保存"按钮，打开"提示"对话框，在其中显示生成的木马文件的存放位置和名称，如图 9-9 所示。

Step10 单击"确定"按钮，成功生成木马。打开存放木马所在的文件夹，可看到做好的木马程序。此时盗号者会将它发送出去，哄骗 QQ 用户去运行它，完成植入木马操作，如图 9-10 所示。

图 9-8 "另存为"对话框

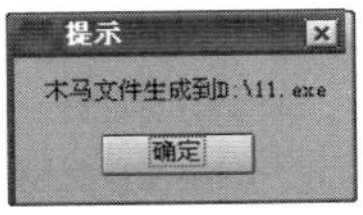

图 9-9 对话框

图 9-10 生成木马文件

9.1.3 提升 QQ 账号的安全设置

微视频

图 9-11 对话框

QQ 提供了保护用户隐私和安全的功能。通过 QQ 的安全设置，可以很好地保护用户的个人信息和账号的安全。

Step01 打开 QQ 主界面，单击"系统设置"按钮，在弹出的列表中选择"设置"选项，如图 9-11 所示。

Step02 弹出"系统设置"窗口，选择"安全设置"选项，用户可以修改密码、设置 QQ 锁和文件传输的安全级别等，如图 9-12 所示。

Step03 选择"QQ 锁"选项，用户可以设置 QQ 加锁功能，如图 9-13 所示。

图 9-12 "系统设置"窗口

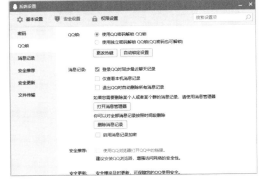

图 9-13 "QQ 锁"设置界面

Step04 选择"消息记录"选项，勾选"退出 QQ 时自动删除所有消息记录"复选框，并勾选"启用消息记录加密"复选框，然后输入相关口令，还可以设置加密口令提示，如图 9-14 所示。

Step05 选择"安全推荐"选项，QQ 建议安装 QQ 浏览器，从而增强访问网络的安全性，如图 9-15 所示。

图 9-14　"消息记录"设置界面

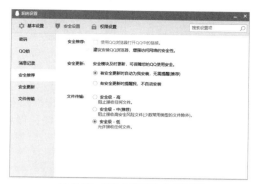

图 9-15　"安全推荐"设置界面

Step 06 选择"安全更新"选项，用户可以设置安全更新的安装方式，一般选中"有安全更新时自动为我安装，无须提醒（推荐）"单选按钮，如图 9-16 所示。

Step 07 选择"文件传输"选项，在其中可以设置文件传输的安全级别，一般采用推荐设置即可，如图 9-17 所示。

图 9-16　"安全更新"设置界面

图 9-17　"文件传输"设置界面

9.1.4　使用《金山密保》来保护 QQ 账号

微视频

《金山密保》是针对用户安全上网时的密码保护需求而开发的一款密码保护产品，使用《金山密保》可有效保护网上银行账号、网络游戏账号、QQ 账号等。

使用《金山密保》保护 QQ 号码的具体操作步骤如下。

Step 01 下载并安装《金山密保》软件，选择"开始"→"金山密保"选项，打开"金山密保"主界面，在其中可看到腾讯 QQ 软件正在被保护，此时 QQ 图标右下方会出现一个黄色的叹号，如图 9-18 所示。

Step 02 右击 QQ 图标，从弹出的快捷菜单中选择"结束"选项，可停止对 QQ 的保护，此时黄色的叹号就会消失，如图 9-19 所示。

图 9-18　添加 QQ 软件

图 9-19　停止对 QQ 的保护

Step03 如果选择"设置"选项，则可弹出"添加保护"对话框。在其中可设置程序的路径、程序名、运行参数等属性，如图9-20所示。

提示：如果选择"从我的保护中移除"选项，可将QQ程序移出保护列表。如果想保护其他程序的话，需在"金山密保"主界面中单击"手动添加"按钮，在打开的对话框进行添加。

Step04 在"金山密保"主界面中单击"木马速杀"按钮，弹出"金山密保盗号木马专杀"对话框，在其中可对关键位置扫描、系统启动项、保护游戏扫描、保护程序扫描等进行扫描，如图9-21所示。

图9-20 "添加保护"对话框

图9-21 扫描关键位置

9.2 邮箱账号及密码的安全防护

随着计算机与网络的快速普及，电子邮件作为便捷的传输工具，在信息交流中发挥着重要的作用。很多大中型企业和个人已实现了无纸办公，所有的信息都以电子邮件的形式传送着，其中包括了很多商业信息、工业机密和个人隐私。因此，电子邮件的安全性成为人们需要重点考虑的问题。

9.2.1 盗取邮箱密码的方法

为了保护电子邮箱，防止密码被黑客盗取，有必要了解黑客盗取邮箱密码的一些常用手段。其主要有以下几种。

1. 各个击破法

现在普通用户可以选择的电子邮箱种类很多，譬如腾讯、网易、搜狐、hotmail等。这些网站的邮箱系统本身都有很好的安全保障措施，而网易和腾讯邮箱在保障邮箱安全方面更是运用了SSL技术，因此黑客如果要破解邮箱密码，必须要先研究SSL技术，进而进行突破。

黑客破解这种邮箱的关键是在加密的数据包上切开一个切口，然后将编译好的数据源利用数据交换的方式嵌入到加密的数据源上，然后利用编译的数据结合要破解邮箱密码的账号后，编译的程序会以自定最小与最大密码长度的数字、字母、符号组成字符串找到正确的邮箱密码。但是由于各种邮箱的加密技术不同，要具体到每款邮箱来分析，从而实现各个击破的目的。

2. TCP/IP协议法

TCP/IP协议的主要作用是在主机建立一个虚拟连接，以实现高可靠性的数据包交换。其中IP协议可以进行IP数据包的分割和组装，而TCP协议则负责数据到达目标后返回来的确认。

根据TCP/IP协议的工作原理，黑客可以通过目标计算机的端口或系统漏洞潜入到对方后，并运行程序ARP。然后阻断对方的TCP反馈确认，此时目标计算机会重发数据包，此时ARP将接受这个数据包并分析到其中的信息。

3.邮箱破解工具法

由于上面的两种方法涉及的技术较高，操作过程也比较复杂，所以对于菜鸟级别的黑客而言并不适用。现在比较方便简单的方法是使用邮箱破解工具，譬如黑雨、朔雪、流光等。这些软件具有安装方便快捷、使用程序简便易懂、界面清新一目了然、使用方便等特点。

9.2.2 使用《流光》盗取邮箱密码

《流光》是一款绝好的 FTP、POP3 解密工具，在破解密码方面，它具有以下功能：

微视频

- 加入了本地模式，在本机运行时不必安装 Sensor。
- 用于检测 POP3/FTP 主机中用户密码的安全漏洞。
- 高效服务器流模式，可同时对多台 POP3/FTP 主机进行检测。
- 支持 10 个字典同时检测，提高破解效率。

使用《流光》破解邮箱密码的具体操作步骤如下。

Step01 运行流光程序，主窗口显示如图 9-22 所示。

Step02 勾选"POP3 主机"复选框，选择"编辑"→"添加"→"添加主机"选项，如图 9-23 所示。

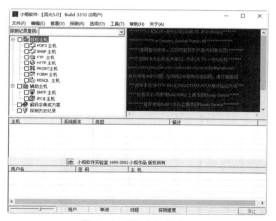

图 9-22 "流光"主窗口

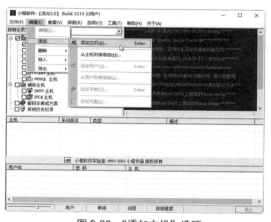

图 9-23 "添加主机"选项

Step03 弹出"添加主机"对话框，在文本框输入要破解的 POP3 服务器地址，单击"确定"按钮，如图 9-24 所示。

Step04 勾选刚添加的服务器地址前的复选框，选择"编辑"→"添加"→"添加用户"选项，弹出"添加用户"对话框，在文本框中输入要破解的用户名，单击"确定"按钮，如图 9-25 所示。

图 9-24 "添加主机"对话框

图 9-25 "添加用户"对话框

Step05 勾选"解码字典或方案"复选框，选择"编辑"→"添加"→"添加字典"选项，弹出"打开"对话框，选择要添加的字典文件，单击"打开"按钮，如图 9-26 所示。

Step06 单击"探测"→"标准模式探测"命令，流光开始进行探测，右窗格中显示实时探测过程。如果字典选择正确，就会破解出正确的密码，如图 9-27 所示。

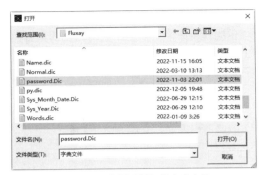

图 9-26　选择要添加的字典文件

图 9-27　破解出正确的密码

9.2.3　重要邮箱的保护措施

重要邮箱是用户用于存放比较重要的邮件和信息的邮箱，需要采取一些措施进行保护。

1. 使用备用邮箱

建议用户不要轻易把自己的重要邮箱地址泄露给他人，但在某些网站或论坛上，需要用户进行邮箱注册才能实现浏览和发帖等功能，或是在工作中需要用邮箱进行交流、发布信息等，这时就需要使用备用邮箱了。

用户可以申请一个免费邮箱作为备用邮箱，可以利用这个邮箱订阅新闻、电子杂志，放在自己的个人主页上，在自己感兴趣的论坛上使用，或是用于代表公司对外进行业务联系。

需要注意的是，如果是利用了备用邮箱进行过一些必要的网络服务申请，应该把确认信息再转发到自己的私人邮箱中备用。

2. 保护邮箱密码

除了要保护好重要邮箱的地址以外，邮箱的密码也是需要重点保护的。用户主要可以采取以下几种方式来防止攻击者进行暴力破解。

- 密码选择。密码至少要有 8 位，并且密码里要包括至少一个数字、一个大写字母和一个小写字母，最好能包括一个符号。这种由字母、数字和符号组成的密码，对于暴力破解软件来说，是比较不易被破解的。另外，密码最好不要包括用户的名字缩写、生日、手机号、公司电话等公开信息。
- 定期更改密码。要养成定期更改密码的习惯，最好每一个月更改一次密码，这样会大大增加破解密码的难度。
- 启用邮箱密码保护功能。通过设置密码保护，可以在忘记密码时通过回答密码提示问题或发送短信验证的方式取回密码。

9.2.4　找回被盗的邮箱密码

微视频

如果邮箱密码已经被黑客窃取甚至篡改，此时用户应该尽快将密码找回并修改密码以避免重要的资料丢失。目前，绝大部分的邮箱都提供有恢复密码功能，用户可以使用该功能找回邮箱密码，以便邮箱服务的继续使用。

下面介绍找回 QQ 邮箱密码的具体操作步骤。

Step01 在浏览器中打开 QQ 邮箱的登录界面（https://mail.qq.com/），如图 9-28 所示。

Step02 单击"找回密码"超链接，进入"找回密码"界面，在其中输入账号，如图 9-29 所示。

Step03 单击"下一步"按钮，拖动滑块完成拼图，如图 9-30 所示。

Step04 进入"身份验证"界面，在其中显示了身份验证的方式，如图 9-31 所示。

图 9-28　QQ 邮箱的
　　　　登录界面

图 9-29　"找回密码"
　　　　界面

图 9-30　拖动滑块完成拼图

图 9-31　"身份验证"界面

Step05 选择手机号验证，进入手机号验证界面，在其中输入手机号码与验证码，如图 9-32 所示。

Step06 单击"下一步"按钮，进入设置新密码界面，输入新密码，如图 9-33 所示。

Step07 单击"确定"按钮，完成密码的重置，并显示重置密码成功信息提示，如图 9-34 所示。

图 9-32　输入手机号

图 9-33　输入新密码

图 9-34　完成密码的重置

9.2.5　通过邮箱设置防止垃圾邮件

在电子邮箱的使用过程中,遇到垃圾邮件是很稀松平常的事情,那么如何处理这些垃圾邮件呢?用户可以通过邮箱设置防止垃圾邮件。下面以在 QQ 邮箱中设置防止垃圾邮件为例，来介绍通过邮箱设置防止垃圾邮件的方法，具体的操作步骤如下。

微视频

Step01 在 QQ 邮箱工作界面中单击"设置"超链接，进入"邮箱设置"界面，如图 9-35 所示。

Step02 在"邮箱设置"界面中单击"反垃圾"选项，进入"反垃圾"设置界面，如图 9-36 所示。

图 9-35　"邮箱设置"界面

图 9-36　"反垃圾"设置界面

Step03 单击"设置邮件地址黑名单"链接，进入"设置邮件地址黑名单"界面，在其中输入邮箱地址，如图 9-37 所示。

Step04 单击"添加到黑名单"按钮，将该邮箱地址添加到黑名单列表之中，如图 9-38 所示。

Step05 单击"返回'反垃圾'设置"超链接，进入"反垃圾选项"界面，选中"拒绝"单选按钮，如图 9-39 所示。

Step06 在"邮件过滤提示"界面中选中"启用"单选按钮，这样有邮件被过滤时会给出相应的提示，单击"保存更改"按钮，保存修改，如图 9-40 所示。

图 9-37　输入邮箱地址

图 9-38　添加邮箱到黑名单列表

图 9-39　"反垃圾选项"界面

图 9-40　"邮件过滤提示"界面

9.3　网游账号及密码的安全防护

如今网络游戏可谓风靡一时，而大多数网络游戏玩家都在网吧中玩，这就给一些不法分子以可乘之机，即只要能够突破网吧管理软件的限制，就可以使用盗号木马来轻松盗取大量的网络游戏账号。本节介绍一些常见网络游戏账号的盗取及防范方法，以便于玩家能切实保护好自己的账号和密码。

9.3.1　使用盗号木马盗取账号的防护

在一些公共的上网场所（如网吧），使用木马盗取网络游戏玩家的账号、密码是很常见的。如常见的一种情况就是：一些不法分子将盗号木马故意种在网吧计算机中，等其他人在这台计算机上玩网络游戏的时候，种植的木马程序就会偷偷地把账号密码记录下来，并保存在隐蔽的文件中或直接根据实际设置发送到黑客指定的邮箱中。

针对这些情况，用户可以在登录网游账号之前，使用瑞星、金山毒霸等杀毒软件手工扫描各个存储空间，以查杀这些木马。下面以使用《金山毒霸》中的顽固病毒木马专杀工具为例，介绍查杀盗号病毒木马的具体操作步骤。

Step01 双击桌面上的《360 系统急救箱》软件的快捷图标，打开"360 系统急救箱"界面，并自动检测和更新信息，如图 9-41 所示。

Step02 检测和更新完毕后，进入"360 系统急救箱"工作界面，并选择扫描模式，如图 9-42 所示。

图 9-41　检测和更新信息

图 9-42　"360 系统急救箱"工作界面

Step03 单击"开始急救"按钮，扫描计算机中的顽固病毒木马，如图 9-43 所示。

Step04 扫描完成后，弹出"详细信息"界面，在其中给出扫描结果，对于扫描出来的病毒木马则直接进行清除，如图 9-44 所示。

图 9-43　扫描顽固病毒木马

图 9-44　清除病毒木马

9.3.2　使用远程控制方式盗取账号的防护

使用远程控制方式盗取网游账号是一种比较常见的方式，通过该方式可以远程查看、控制目标计算机，从而拦截用户的输入信息，进而窃取账号和密码。

针对这种情况，防御起来并不难，因为远程控制工具或者是木马肯定要访问网络，因此只要在计算机中安装有《金山网镖》等网络防火墙，就一定会逃不过网络防火墙的监视和检测。因为《金山网镖》一直将具有恶意攻击的远程控制木马加到病毒库中，这样有利于对这类木马进行查杀。

使用《金山网镖》拦截远程盗号木马或恶意攻击的具体操作步骤如下。

Step01 双击桌面上的《金山网镖》快捷图标，打开"金山网镖"程序主界面，在该界面中可查看当前网络的接受流量、发送流量和当前网络活动状态，如图 9-45 所示。

Step02 选择"应用规则"选项卡，在该界面中可对互联网监控和局域网监控的安全级别进行设置，另外，还可对防隐私泄露相关参数进行开启或关闭的设置，如图 9-46 所示。

Step03 单击"IP 规则"按钮，在弹出的面板中单击"添加"按钮，如图 9-47 所示。

图 9-45　"金山网镖"主界面

图 9-46　"应用规则"选项卡

图 9-47　"IP 规则"主界面

Step04 弹出"IP 规则编辑器"对话框，在该对话框中的相应文本框中输入要添加的自定义 IP 规制名称、描述、对方的 IP 地址、数据传输方向、数据协议类型、端口以及匹配条件时的动作等，如图 9-48 所示。

Step05 设置完毕后，单击"确定"按钮，可看到刚添加的 IP 规制。单击"设置此规则"按钮，可重新设置 IP 规则，如图 9-49 所示。

Step06 选择"工具"→"综合设置"选项，弹出"综合设置"对话框，即可在该界面中对是否开机自动运行金山网镖以及受到攻击时的报警声音进行设置，如图 9-50 所示。

图 9-48　"IP 规则编辑器"
对话框

图 9-49　重新设置 IP 规则

图 9-50　"综合设置"对话框

微视频

图 9-51　"ARP 防火墙"设置界面

Step07 选择"ARP 防火墙"选项，在打开的界面中对是否开启木马防火墙进行设置，如图 9-51 所示。

Step08 单击"确定"按钮，保存综合设置，这样一旦本机系统遭受木马或有害程序的攻击，金山网镖可给出相应的警告信息，用户可根据提示进行相应的处理。

9.3.3　利用系统漏洞盗取账号的防护

利用系统漏洞盗取网游账号，是一种通过系统漏洞在本机植入木马或者远程控制工具，然后通过前面的方式进行盗号活动。针对这样的盗号方法，网游玩家可以使用很多漏洞扫描工具，如《360 安全卫士》《电脑管家》等工具帮助用户找到本机系统的漏洞，然后根据提示及时把系统漏洞打上补丁，做到防患于未然。

使用《360 安全卫士》扫描系统漏洞并为系统打补丁的操作步骤如下。

Step01 双击桌面上的《360 安全卫士》快捷图标，进入"360 安全卫士"工作界面，如图 9-52 所示。

Step02 单击"系统修复"图标，开始检测计算机的状态，检测完毕后，可显示当前计算机系统漏洞，如图 9-53 所示。

图 9-52　"360 安全卫士"工作界面

图 9-53　计算机系统漏洞

Step03 单击"一键修复"按钮，开始下载并修复系统漏洞，如图 9-54 所示。

Step04 修复完成后，会给出相应的修复结果，如图 9-55 所示。

这样，可防范盗号木马或有害程序利用系统漏洞来盗取玩家账号、密码等隐私信息，因此，提高防范意识就是最好的防范方法。

图 9-54　下载并修复系统漏洞

图 9-55　系统漏洞修复结果

9.4　实战演练

9.4.1　实战 1：找回被盗的 QQ 账号密码

通过 QQ 申诉可以找回密码，但是在找回密码的过程中，用户自己的 QQ 好友辅助进行。下面介绍通过 QQ 申诉找回密码的具体操作步骤。

微视频

Step01 双击桌面上的 QQ 登录快捷图标，打开"QQ 登录"窗口，如图 9-56 所示。

Step02 单击"找回密码"链接，进入"QQ 安全中心"界面，如图 9-57 所示。

Step03 单击"点击完成验证"链接，打开验证界面，在其中根据提示完成安全验证，如图 9-58 所示。

图 9-56　"QQ 登录"窗口

图 9-57　"QQ 安全中心"界面

图 9-58　验证界面

Step04 单击"验证"按钮，完成安全验证，提示用户验证通过，如图 9-59 所示。

Step05 单击"确定"按钮，进入身份验证界面，在其中单击"免费获取验证码"按钮，这时 QQ 安全中心会给密保手机发送一个验证码，在下面的文本框中输入收到的验证码，如图 9-60 所示。

Step06 单击"确定"按钮，进入"设置新密码"界面，在其中输入设置的新密码，如图 9-61 所示。

图 9-59　用户验证通过

图 9-60　输入收到的验证码

图 9-61　"设置新密码"界面

微视频

图 9-62　重置密码成功

Step07 单击"确定"按钮，重置密码成功，这样就找回了被盗的 QQ 账号密码，如图 9-62 所示。

9.4.2　实战 2：备份与还原电子邮件

随着网络的日益普及，越来越多的人们使用电子邮件进行学习、交流、娱乐以及办公等，显然电子邮件的内容多数是比较重要的信息。因此，为了防止病毒与木马的攻击导致电子邮件的丢失，对电子邮件进行备份和还原就非常重要了。

1 备份电子邮件

使用 Outlook 中的导入 / 导出向导功能可以备份电子邮件，具体的操作步骤如下。

Step01 启动 Outlook 2016 主程序，选择"文件"选项卡，进入到"文件"界面，在该界面中选择"打开与导出"选项区域内的"导入 / 导出"选项，如图 9-63 所示。

Step02 弹出"导入和导出向导"对话框，在"请选择要执行的操作"列表框中选择"导出到文件"选项，如图 9-64 所示。

图 9-63　"文件"界面

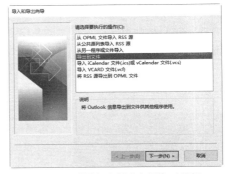

图 9-64　"导入和导出向导"对话框

Step03 单击"下一步"按钮，弹出"导出到文件"对话框，在"创建文件的类型"列表框中选择"Outlook 数据文件（pst）"选项，如图 9-65 所示。

Step04 单击"下一步"按钮，弹出"导出 Outlook 数据文件"对话框，在"选定导出的文件夹"列表框中选择要导出的文件夹，如图 9-66 所示。

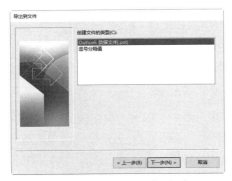

图 9-65　"导出到文件"对话框

图 9-66　"导出 Outlook 数据文件"对话框

Step05 单击"下一步"按钮，弹出"导出 Outlook 数据文件"对话框，在"选项"选项组中选中"用导出的项目替换重要的项目"单选按钮，在"将导出文件另存为"下的文本框中输入文件保存的路径，如图 9-67 所示。

Step06 单击"完成"按钮，弹出"创建 Outlook 数据文件"对话框，在"密码"和"验证密码"文本框中输入相同的文件密码，如图 9-68 所示。

Step07 单击"确定"按钮，弹出"Outlook 数据文件密码"对话框，在"密码"中输入文件的密码。单击"确定"按钮，完成备份电子邮件的操作，如图 9-69 所示。

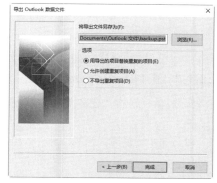

图 9-67　"导出 Outlook 数据文件"对话框

图 9-68　输入文件密码

图 9-69　完成备份电子邮件

2. 还原电子邮件

当电子邮件丢失或受到木马病毒入侵后，可以使用备份的电子邮件来还原，使用向导还原电子邮件的操作步骤如下。

Step01 启动 Outlook 2016 主程序，选择"文件"选项卡，进入到"文件"界面，在该界面中选择"打开与导出"选项区域内的"导入 / 导出"选项，如图 9-70 所示。

Step02 弹出"导入和导出向导"对话框，在"请选择要执行的操作"列表框中选择"从另一程序或文件导入"选项，如图 9-71 所示。

图 9-70　"导入 / 导出"选项

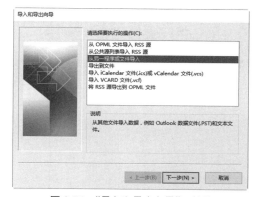

图 9-71　"导入和导出向导"对话框

Step03 单击"下一步"按钮，弹出"导入文件"对话框，在"从下面位置选择要导入的文件类型"对话框中选择"Outlook 数据文件（pst）"选项，如图 9-72 所示。

Step04 单击"下一步"按钮，弹出"导入 Outlook 数据文件"对话框，在"选项"列表中选中"用导入的项目替换重要的项目"单选按钮，在"导入文件"下的文本框中输入导入文件的路径，或单击"浏览"按钮，弹出"导入 Outlook 数据文件"对话框，在其中选择备份的数据文件，如图 9-73 所示。

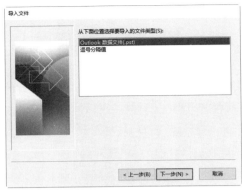

图 9-72 "导入文件"对话框

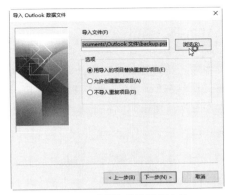

图 9-73 选择备份的数据文件

Step 05 单击"下一步"按钮，弹出"Outlook 数据文件密码"对话框，在"密码"文本框中输入数据文件的密码，如图 9-74 所示。

Step 06 单击"确定"按钮，弹出"导入 Outlook 数据文件"对话框，选择需要恢复的邮件，单击"完成"按钮即可，如图 9-75 所示。

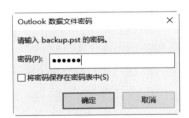

图 9-74 输入数据文件密码

图 9-75 恢复备份的邮件

第 10 章

网页浏览器的安全防护

网页浏览器是进入网页的入口，其中 Internet Explorer（IE）是使用最广泛的浏览器，其功能非常的强大，但由于支持 JavaScript 脚本、ActiveX 控件等元素，使得在使用 IE 浏览网页时留下了许多的隐患。因此，保护浏览器的安全也就成了一项刻不容缓的工作。

10.1 网页恶意代码的安全防护

计算机用户在上网时经常会遇到偷偷篡改 IE 标题栏的网页代码，有的网站更是不择手段，当用户访问过它们的网页后，不仅 IE 默认首页被篡改了，而且每次开机后 IE 都会自动弹出并访问该网站。以上这些情况都是因为感染了网络上的恶意代码。

10.1.1 认识恶意代码

恶意代码（Malicious code）最常见的表现形式就是网页恶意代码。网页恶意代码的技术以 WSH 为基础，即 Windows Scripting Host，中文称作"Windows 脚本宿主"，是利用网页来进行破坏的病毒，通过使用一些脚本语言编写的一些恶意代码，利用 IE 漏洞来实现病毒植入。

当用户登录某些含有网页病毒的网站时，网页病毒便被悄悄激活。这些病毒一旦激活，可以对用户的计算机系统进行破坏，强行修改用户操作系统的注册表配置及系统实用配置程序，甚至可以对被攻击的计算机进行非法控制系统资源、盗取用户文件、删除硬盘中的文件、格式化硬盘等恶意操作。

10.1.2 恶意代码的传播方式

恶意代码的传播方式在迅速地演化，从引导区传播，到某种类型文件传播，到宏病毒传播，到邮件传播，再到网络传播，发作和流行的时间越来越短，危害越来越大。

目前，恶意代码主要通过网页浏览或下载、电子邮件、局域网和移动存储介质、即时通信工具（IM）等方式传播。广大用户遇到的最常见的方式是通过网页浏览进行攻击，这种方式具有传播范围广、隐蔽性较强等特点，潜在的危害性也是最大的。

10.1.3 恶意代码的预防

计算机用户在上网前和上网时做好如下工作，才能对网页恶意代码进行很好的预防。

（1）要避免被网页恶意代码感染，关键是不要轻易去一些自己并不了解的站点，尤其是一些看上去非常诱人的网址更不要轻易进入，否则往往不经意间就会误入网页代码的圈套。

（2）微软官方经常发布一些漏洞补丁，要及时对当前操作系统及 IE 浏览器进行更新升级，可以更好地对恶意代码进行预防。

（3）一定要在计算机上安装病毒防火墙和网络防火墙，并要时刻打开"实时监控功能"。通常防火墙软件都内置了大量查杀 VBS、JavaScript 恶意代码的特征库，能够有效地警示、查杀、隔离含有恶意代码的网页。

（4）对防火墙等安全类软件进行定时升级，并在升级后检查系统进程，及时了解系统运行情况。定期扫描系统（包括毒病扫描与安全漏洞扫描），以确保系统安全性。

（5）关闭局域网内系统的网络硬盘共享功能，防止一台计算机中毒影响到网络内的其他计算机。

（6）利用 hosts 文件可以将已知的广告服务器重定向到无广告的机器（通常是本地的 IP 地址：127.0.0.1）上来过滤广告，从而拦截一些恶意网站的请求，防止访问欺诈网站或感染一些病毒或恶意软件。

（7）对 IE 浏览器进行详细安全设置。

微视频

10.1.4 恶意代码的清除

即便是计算机感染了恶意代码，也不要着急，只要用户按照正确的操作方法是可以使系统恢复正常的。如果用户是个计算机高手，就可以对注册表进行手工操作，使被恶意代码破坏的地方恢复正常。如果用于普通的计算机用户来说，就需要使用一些专用工具来进行清除。

1. 使用IEscan恶意网站清除软件

IEscan 恶意网站清除软件是功能强大的 IE 修复工具及流行病毒专杀工具，可以进行恶意代码的查杀，并对常见的恶意网络插件进行免疫。

使用 IEscan 清除恶意网站的具体操作步骤如下。

Step01 运行 IEscan 恶意网站清除软件，单击"检测"按钮，可以对计算机系统进行恶意代码的检查。直接单击"治疗"按钮，则可以对 IE 浏览器进行修复，如图 10-1 所示。

Step02 单击"插件免疫"按钮，显示软件窗口，以列表形式显示了已知的恶意插件的名称，勾选对应的复选框，单击"应用"按钮，如图 10-2 所示。

图 10-1 "恶意网站清除"工作界面

图 10-2 "插件免疫"工作界面

2. 使用恶意软件查杀助理

恶意软件查杀助理是针对目前网上流行的各种木马病毒以及恶意软件开发的。恶意软件查杀助理可以查杀超过 900 多款恶意软件、木马病毒插件，找出隐匿在系统中的毒手，具体使用方法如下。

Step01 安装软件后，单击桌面上的恶意软件查杀助理程序图标，启动恶意软件查杀助理，其主界面如图 10-3 所示。

Step02 单击"立即扫描恶意软件"按钮，软件开始检测计算机系统，如图 10-4 所示。

Step03 在恶意软件查杀助理安装的同时，还要安装一个程序恶意软件查杀工具。运行恶意软件查杀工具，主界面如图 10-5 所示。

图 10-3　"恶意软件查杀助理"工作界面

图 10-4　检测计算机系统

Step04 单击"系统扫描"按钮，软件开始对计算机系统进行扫描，并实时显示扫描过程，如图10-6 所示。

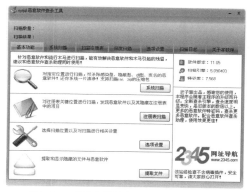

图 10-5　"恶意软件查杀工具"工作界面

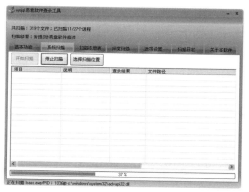

图 10-6　扫描计算机系统

提示："系统扫描"完成后，用户可以根据软件提示的结果进行进一步的清除操作。因此，一定要记得经常对计算机系统进行系统扫描。

10.2　常见的网页浏览器攻击方式

网页浏览器是用户访问网站的主要工具，通过网页浏览器用户可以访问海量的信息。本节以常用的IE 浏览器为例，来介绍常见的网页浏览器攻击手法。

10.2.1　修改默认主页

某些网站为了提高自己的访问量和做广告宣传，就使用恶意代码，将用户设置的主页修改为自己的网页。解决这一问题最简单的方式是在"Internet 选项"对话框中进行。

具体的操作步骤如下。

Step01 打开 IE 浏览器，在其中选择"工具"→"Internet 选项"选项，如图 10-7 所示。

微视频

图 10-7　"Internet 选项"选项

Step02 弹出"Internet 选项"对话框，在其中选择"常规"选项卡，如图 10-8 所示。

Step03 在"主页"设置区域中的"地址"文本框中输入自己需要的主页，如这里输入百度的网址"http://www.baidu.com/"，如图 10-9 所示。

Step04 单击"确定"按钮，这样就可以把主页设置为百度。双击桌面上的"IE 浏览器"图标，打开 IE 浏览器主页，即百度首页，如图 10-10 所示。

图 10-8　"常规"选项卡

图 10-9　输入网址

图 10-10　百度首页

10.2.2　恶意更改浏览器标题栏

微视频

网页浏览器的标题栏也是黑客攻击浏览器常用的方法之一，具体表现为浏览器的标题栏被加入一些固定不变的广告等信息。针对这种攻击手法，用户可以通过修改注册表来清除标题栏中的广告等信息，具体的操作步骤如下。

Step01 打开"运行"对话框，在"打开"文本框中输入 regedit 命令，如图 10-11 所示。

Step02 单击"确定"按钮，打开"注册表编辑器"窗口，如图 10-12 所示。

图 10-11　输入 regedit 命令

图 10-12　"注册表编辑器"窗口

Step03 在左侧窗格中选择 HKEY_LOCAL_MACHINE\Software\Microsoft\InternetExplorer/Main 子健，如图 10-13 所示。

Step04 在右侧窗格中选中"Windows Tile"键值项并右击，从弹出的快捷菜单中选择"删除"选项，如图 10-14 所示。

Step05 弹出"确认数值删除"对话框，提示用户"确实要删除此数值吗？"，如图 10-15 所示。

Step06 单击"是"按钮，完成数值删除操作，关闭注册表编辑器，然后重新启动计算机，当再次使用 IE 浏览器浏览网页就会发现标题栏中的广告等信息已经被删除了，如图 10-16 所示。

图 10-13　选择 Main 子健

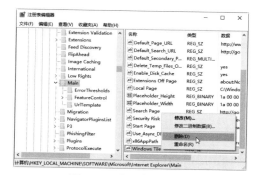

图 10-14　"删除"菜单项

图 10-15　"确认数值删除"对话框

图 10-16　删除广告等信息

10.2.3　强行修改网页浏览器的右键菜单

微视频

被强行修改右键菜单的现象主要表现在：

- 右键快捷菜单被添加非法网站链接；
- 右键弹出快捷菜单功能被禁用失常，在 IE 浏览器中单击鼠标右键无反应。

针对浏览器右键菜单中出现的非法连接这种情况，修复的具体操作步骤如下。

Step 01 打开"注册表编辑器"窗口，在左侧窗格中单击展开 HKEY_CURRENT_USER\Software\Microsoft\Internet Explorer\MenuExt 分支，如图 10-17 所示。

Step 02 IE 的右键菜单都在这里设置，在其中选择非法的右键链接，如这里选择"追加到现有的 PDF"选项并右击，从弹出的快捷菜单中选择"删除"选项，如图 10-18 所示。

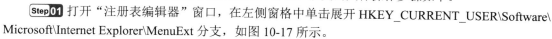

图 10-17　展开 MenuExt 分支

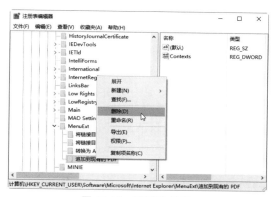

图 10-18　"删除"选项

Step03 随即弹出"确认项删除"对话框，提示用户是否确实要删除这个项和所有其子项，如图 10-19 所示。单击"是"按钮，将该项删除。

图 10-19 "确认项删除"对话框

提示：在删除前，最好先展开 MenuExt 主键检查一下，里面是否会有一个子键，其内容是指向一个 HTML 文件的，找到这个文件路径，然后根据此路径将该文件也删除，这样才能彻底清除。

针对右键菜单打不开的情况，下面介绍其修复的操作步骤。

Step01 打开"注册表编辑器"窗口，在左侧窗格中单击展开 HKEY_CURRENT_USER\Software\Policies\Microsoft\Internet Explorer\Restrictions 分支，如图 10-20 所示。

Step02 在右侧窗格中选中"NoBrowserContextMenu"键值并右击，从弹出的快捷菜单中选择"修改"选项，如图 10-21 所示。

图 10-20 展开 Restrictions 分支

图 10-21 "修改"选项

Step03 弹出"编辑字符串"对话框，在"数值数据"文本框中输入"00000000"。单击"确定"按钮，即可完成 IE 浏览器的修复，如图 10-22 所示。

图 10-22 "编辑字符串"对话框

10.2.4 强行修改浏览器的首页按钮

IE 浏览器默认的首页变成灰色且按钮不可用，主要是由于注册表 HKEY_USERS\.DEFAULT\Software\Policies\Microsoft\Internet Explorer\Control Panel 下的 Word 值"homepage"的键值被修改的原因，即原来的键值为"0"，被修改为"1"。

针对这种情况用户可以采用下列方法进行修复。

Step01 打开"注册表编辑器"窗口，在左侧窗格中单击展开 HKEY_USERS\.DEFAULT\Software\Policies\Microsoft\Internet Explorer\Control Panel 项，如图 10-23 所示。

Step02 在右侧窗格中选择"homepage"选项并右击，从弹出的快捷菜单中选择"修改"选项，如图 10-24 所示。

Step03 弹出"编辑字符串"对话框，在"数值数据"文本框中将数值"1"修改为"0"，如图 10-25 所示。

Step04 单击"确定"按钮，重新启动计算机后，则该问题即可修复，如图 10-26 所示。

图 10-23　展开 Control Panel 项

图 10-24　"修改"选项

图 10-25　"编辑字符串"对话框

图 10-26　问题修复完成

10.2.5　删除桌面上的浏览器图标

当桌面上的 IE 浏览器图标"不见"了，出现这种现象的主要原因还是流氓软件的篡改所致，或计算机中了病毒，这时建议用户使用杀毒软件查杀病毒，然后重新启动计算机。不过，还可以通过手动建立快捷方式来使图标出现在桌面上。　　微视频

通过手工建立 IE 快捷方式的具体操作步骤如下：

Step01 双击桌面上的"此电脑"图标，打开"此电脑"窗口，如图 10-27 所示。

Step02 在其中打开"Program Files"→"Internet Explorer"文件夹，如图 10-28 所示。

图 10-27　"此电脑"窗口

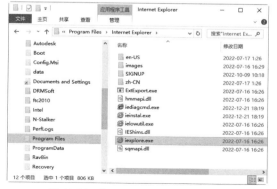

图 10-28　"Internet Explorer"文件夹

Step03 选择"iexplore.exe"图标并右击，从弹出的快捷菜单中选择"发送到"→"桌面快捷方式"

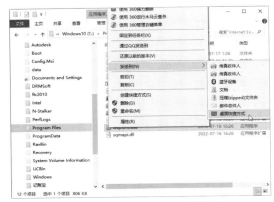

图 10-29 IE 快捷方式发送到桌面

选项，这样就可以将 IE 快捷方式发送到桌面上使用，如图 10-29 所示。

另外，还可以在注册表中修复 IE 浏览器图标"不见"的情况，具体的操作步骤如下。

Step01 打开注册表编辑器，在左侧窗格中单击展开 HKEY_CURRENT_USER\Software\Microsoft\Windows\CurrentVersion\Explorer\HideDesktopIcons\NewStartPanel 子项，如图 10-30 所示。

Step02 在右侧的窗格中选择"871C5380-42A0-1069-A2EA-08002B30309D"键值项并右击，从弹出的快捷菜单中选择"修改"选项，如图 10-31 所示。

图 10-30 展开 NewStartPanel 子项

图 10-31 "修改"选项

Step03 弹出"编辑 DWORD 值"对话框，在"数值数据"文本框中输入"0"，如图 10-32 所示。

Step04 单击"确定"按钮，然后刷新桌面即可看到消失的 IE 图标重新出现，且右键菜单也可用，如图 10-33 所示。

图 10-32 "编辑 DWORD 值"对话框

图 10-33 IE 图标

10.2.6 启动时自动弹出对话框和网页

相信大多数用户常会遇到下面的情况：

- 系统启动时弹出对话框，通常是一些广告信息，如"欢迎访问某某网站"等。
- 开机弹出网页，通常会弹出很多窗口，让你措手不及，更有甚者，可以重复弹出窗口直到死机。

这就说明恶意代码修改了用户的注册表信息，使得启动浏览器时出现异常。我们可以通过编辑系统注册表来解决，具体的操作步骤如下。

Step01 右击"开始"按钮，从弹出的快捷菜单中选择"运行"选项，在弹出的"运行"对话框中输入 regedit 命令。打开注册表编辑器，打开 HKEY_LOCAL_MACHINE\Software\Microsoft\Windows\CurrentVersion\Winlogon 主键，删除右窗格中的 LegalNoticeCaption 和 LegalNoticeText 两个字符串，如图 10-34 所示。

Step02 弹出"运行"对话框，在其中输入 msconfig 命令，选择"启动"选项卡，如图 10-35 所示。

Step03 单击"打开任务管理器"超链接，打开"任务管理器"窗口，在"启动"选项卡下将 URL 后缀为 html、htm 的网址文件禁用掉即可，如图 10-36 所示。

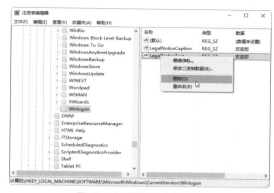

图 10-34　删除两个字符串

图 10-35　"启动"选项卡

图 10-36　"任务管理器"窗口

10.3　网页浏览器的自我防护

为保护计算机的安全，在上网浏览网页时需要注意对网页浏览器的安全维护，一般情况下，网页浏览器其自身均有防护功能，这里以最常用的 IE 浏览器为例，来介绍网页浏览器的自身防护技巧。

10.3.1　提高 IE 的安全防护等级

通过设置 IE 浏览器的安全等级，可以防止用户打开含有病毒和木马程序的网页，这样可以保护系统和计算机的安全。

微视频

下面介绍设置 IE 安全等级的具体操作步骤。

Step01 在 IE 浏览器中选择"工具"→"Internet 选项"选项，弹出"Internet 选项"对话框，如图 10-37 所示。

Step02 选择"安全"选项卡，进入"安全"设置界面，如图 10-38 所示。

Step03 选中"Internet"图标，单击"自定义级别"按钮，弹出"安全设置"对话框，如图 10-39 所示。

Step04 单击"重置为"下拉按钮，在弹出的下拉列表中选择"高"选项，如图 10-40 所示。

Step05 单击"确定"按钮，将 IE 安全等级设置为"高"，如图 10-41 所示。

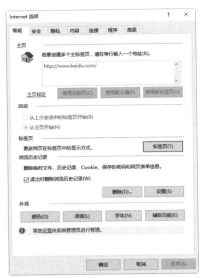

图 10-37 "Internet 选项"对话框

图 10-38 "安全"设置界面

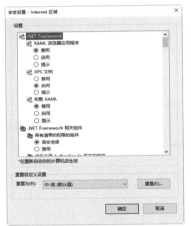

图 10-39 "安全设置"对话框

图 10-40 选择"高"选项

图 10-41 设置 IE 安全等级

10.3.2 清除浏览器中的表单

浏览器的表单功能在一定程度上方便了用户，但也被黑客用来窃取用户的数据信息，所以从安全角度出发，需要清除浏览器的表单并取消自动记录表单的功能。

清除 IE 浏览器中的表单的具体操作步骤如下。

Step01 在 IE 浏览器中选择"工具"→"Internet 选项"选项，弹出"Internet 选项"对话框，并选择"内容"选项卡，如图 10-42 所示。

Step02 在"自动完成"选项区域中单击"设置"按钮，弹出"自动完成设置"对话框，取消对所有复选框的勾选，如图 10-43 所示。

Step03 单击"删除自动完成历史记录"按钮，弹出"删除浏览历史记录"对话框，勾选"表单数据"复选框，如图 10-44 所示。单击"删除"按钮，删除浏览器中的表单信息。

图 10-42 "内容"选项卡

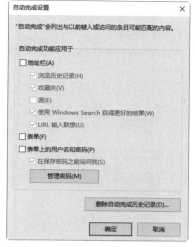

图 10-43 "自动完成设置"对话框

图 10-44 删除表单信息

10.3.3 清除浏览器的上网历史记录

微视频

Windows 操作系统具有历史记录功能，可以将用户以前所运行过的程序、浏览过的网站、查找过的内容等记录下来，但这同样会泄露用户的信息。

可以通过如下方法来对这些信息进行清除。

方法 1：通过在"Internet 属性"对话框的"常规"选项卡下，勾选"浏览历史记录"区域中的"退出时删除浏览历史记录"复选框，实现清除浏览过的 IE 网址，如图 10-45 所示。

方法 2：利用注册表进行清除。IE 历史记录在"注册表编辑器"中的保存位置是 HKEY_CURRENT_USER\Software\Microsoft\Internet Explorer\TypedURLs，因此，只要删除该子项下的所有内容即可，如图 10-46 所示。

图 10-45 "常规"选项卡

图 10-46 "注册表编辑器"窗口

提示：输入网址时按 Ctrl+O 组合键，在弹出的"打开"对话框中填入要访问的网站名称或 IP 地址，输入的地址链接 URL 就不会保存在地址栏里了。

10.3.4 删除 Cookie 信息

Cookie 是 Web 服务器发送到计算机里的数据文件，它记录了用户名、口令及其他一些信息。特别目前在许多网站中，Cookie 文件中的用户名和密码是不加密的明文信息，就更容易泄密。因此，在离开时删除 Cookie 内容是非常必要的。

用户可以通过"Internet 选项"对话框中的相关功能实现删除 Cookies，具体的操作步骤如下。

Step01 打开"Internet 选项"对话框，选择"常规"选项卡，在"浏览历史记录"选项区域中单击"删除"按钮，如图 10-47 所示。

Step02 打开"删除浏览历史记录"对话框，在其中勾选"Cookies 和网站数据"复选框，单击"删除"按钮，清除 IE 浏览器中的 Cookies 文件，如图 10-48 所示。

图 10-47 "常规"选项卡

图 10-48 "删除浏览历史记录"对话框

10.4 实战演练

10.4.1 实战 1：一招解决弹窗广告

在浏览网页时，除了遭遇病毒攻击、网速过慢等问题外，还时常遭受铺天盖地的广告攻击，利用 IE 自带工具可以屏蔽广告，具体的操作步骤如下。

Step01 打开"Internet 选项"对话框，在"安全"选项卡中单击"自定义级别"按钮，如图 10-49 所示。

Step02 打开"安全设置"对话框，在"设置"列表框中将"活动脚本"设为"禁用"。单击"确定"按钮，可屏蔽一般的弹出窗口，如图 10-50 所示。

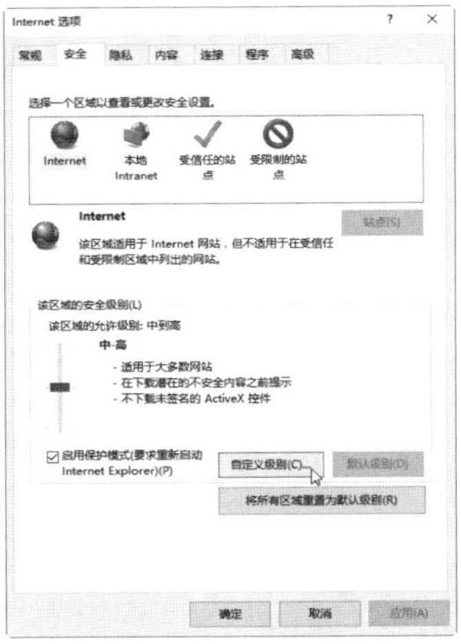

图 10-49 "安全"选项卡

图 10-50 "安全设置"对话框

提示：还可以在"Internet 选项"对话框中选择"隐私"选项卡，勾选"启用弹出窗口阻止程序"复选框，如图 10-51 所示。单击"设置"按钮，弹出"弹出窗口阻止程序设置"对话框，将组织级别设置为"高"。最后单击"确定"按钮，可屏蔽弹窗广告，如图 10-52 所示。

图 10-51　"隐私"选项卡

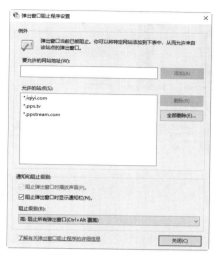

图 10-52　设置组织级别

10.4.2　实战 2：清除 Microsoft Edge 中的浏览数据

浏览器在上网时会保存很多的上网记录，这些上网记录不但随着时间的增加越来越多，而且还有可能泄露用户的隐私信息。如果不想让别人看见自己的上网记录，则可以把上网记录删除，具体的操作步骤如下。

Step 01 打开 Microsoft Edge 浏览器，选择"更多操作"下的"设置"选项，如图 10-53 所示。

Step 02 打开"设置"窗格，单击"清除浏览数据"组下的"选择要清除的内容"按钮，如图 10-54 所示。

Step 03 打开"清除浏览数据"窗格，单击选中要清除的浏览数据内容，单击"清除"按钮，如图 10-55 所示。

Step 04 开始清除浏览数据，清除完成后，可看到历史纪录中所有的浏览记录都被清除，如图 10-56 所示。

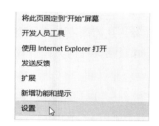

图 10-53　"安全设置"对话框

图 10-54　"隐私"选项卡

图 10-55　"清除浏览数据"窗格

图 10-56　清除浏览数据

第**11**章

手机与平板电脑的安全防护

当前，随着无线传输技术和手机自身智能技术的不断发展，使手机与平板电脑越来越智能化，其形式和功能上也越来越接近电脑，致使越来越多的病毒木马和黑客也开始扩大其攻击的范围。如果自己的平板电脑被黑客攻击或无意中丢失，那存储于平板电脑上的个人隐私、商业机密无疑会被窃取。本章就来介绍手机与平板电脑的安全防护。

11.1 手机与平板电脑的攻击手法

攻击手机与平板电脑最常用的手法就是使用病毒。由于手机与平板电脑操作系统的漏洞、软硬件的兼容性等问题，就从目前的情况来看，黑客使用病毒攻击手机与平板电脑的传染途径有如下几个。

11.1.1 通过网络下载

目前，几乎所有的手机都支持网络下载功能，如可以通过手机下载游戏、应用程序、小程序等。另外，还可以使用手机浏览网页、购物、聊天（使用手机 QQ 和微信）等。

手机给用户带来了随时随地上网的乐趣，再加上现在的 5G 技术与无线网络功能更是保证了手机的速度，因此，手机病毒也会像计算机病毒一样通过网络来感染用户的手机，如一些黑客将木马病毒与游戏文件捆绑在一起，当用户将该文件下载到自己的手机并运行时，就会感染病毒文件，轻者将会把手机中的数据信息盗取或删除，重者会把手机的核心程序破坏掉，从而造成手机的频繁开关机或永远无法打开。另外，还有一些病毒将自己捆绑在下载程序中，通过运营商的无线下载功能通道传播。

11.1.2 短信与乱码传播

手机病毒还会借助于"病毒短信"来攻击手机，当手机用户接收到一些短信后，警惕性不高，很容易打开进行查看，这提高了黑客攻击手机的成功率。

一般中了"病毒短信"的手机就会无法提供某些方面的服务，同时病毒短信会显示一些怪字符或乱码等。这些乱码有时会在来电显示中出现，用户一旦接听了乱码电话，就会感染病毒，手机中的资料将会被木马病毒修改或破坏。

11.1.3 利用手机 Bug 传播

智能手机除了具有像 CUP、内存等硬件配置外，还有其自己的操作系统，这和计算机中的

Windows 操作系统功能原理一样在管理着硬件设备。同时，手机操作系统也和计算机中的操作系统一样需要及时安装漏洞补丁，否则黑客就会利用手机漏洞来实现攻击的目的。

11.1.4　平板电脑的攻击手法

平板电脑是电脑家族新增加的一名成员，其外观和笔记本电脑相似，但不是单纯的笔记本电脑，它可以被称为笔记本电脑的浓缩版，如图 11-1 所示。因此，电脑存在的安全问题，一般平板电脑也会有。

下面给出平板电脑的安全问题，那么黑客利用这些安全漏洞，就可以实施攻击了。

图 11-1　平板电脑

1. 系统漏洞问题

随着时间的推移，任何一个系统都会存在系统漏洞，平板电脑也不例外。

2. 病毒攻击

由于平板电脑可以与电脑任意互传资料，那么电脑中的病毒也会随着这些资料进入平板电脑，一旦在平板电脑上运行打开或运行这些资料，就会使平板电脑感染病毒。

3. 平板电脑密码安全问题

平板电脑和电脑一样，也可以设置系统管理员密码，那么该密码就成为了黑客攻击的对象，从而窃取平板电脑中的个人信息。

11.2　手机的安全防护

在手机中安装防护软件是手机安全防护的一项措施。目前，手机杀毒软件已经比较完善，可以对手机进行全盘杀毒、目标杀毒等操作，还可以对杀毒软件的病毒库进行升级和设置计划任务，即在指定的时间进行自动的升级和杀毒。

11.2.1　安装手机卫士

目前，国内外各大杀毒软件开发商都在开发自己的手机版杀毒软件，像手机管家、手机版 360 安全卫士等，如图 11-2 所示。用户可以在网上下载或购买自己与手机系统相适配的软件，如图 11-3 所示。

11.2.2　查杀手机病毒

使用手机管家可以查杀手机病毒，这也是加强手机安全的方式之一，使用手机管家查杀手机病毒的操作步骤如下。

Step01 在手机屏幕中使用手指点按手机管家图标，进入手机管家工作界面，如图 11-4 所示。

图 11-2　下载界面

微视频

图 11-3　手机界面

Step02 使用手指点按病毒查杀图标，开始扫描手机中的病毒，如图 11-5 所示。

Step03 扫描完成后，会给出相应的查杀结果，如图 11-6 所示。

图 11-4　手机管家工作界面

图 11-5　扫描手机中的病毒

图 11-6　查杀结果

11.2.3　备份手机中的数据

手机一旦遭受黑客攻击，手机中的资料会全部丢失或无法重新开机。这时就需要对手机进行"格机"操作，将手机状态恢复到出厂状态。因此，经常备份数据是非常必要的。

11.3　平板电脑的安全防护

常用的平板电脑防护主要有如下几种。

11.3.1　为视频加锁

iPad 中如果存放了不希望其他人看到的视频文件，借用"私密手电"，就可以轻松实现为视频文件加密的目的，具体的操作步骤如下。

Step01 在 iPad 中下载安装"私密手电"软件。使用数据线将 iPad 与平板电脑连接，在平板电脑中启动 iTunes，然后选择识别的 iPad（这里的 iPad 名为"龙数码"）。

Step02 选择"应用程序"选项。

Step03 选择"SecretLight"（私密手电）选项。

Step04 将一个或多个视频直接拖曳至"SecretLight"程序的文件列表，如图 11-7 所示。

Step05 此时可直接将所选视频拖曳到 iPad 的"私密手电"程序中，如图 11-8 所示。

微视频

图 11-7　"SecretLight"程序的文件列表

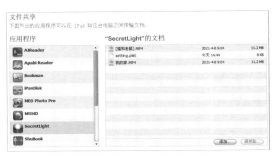
图 11-8　"私密手电"程序

Step06 在 iPad 的主屏幕上单击"SecretLight"图标按钮，如图 11-9 所示。

Step07 打开"私密手电"，按顺序单击下方不同颜色的图标，实现密码的输入，默认密码是连续按"🔔"6 次，如图 11-10 所示。

Step08 此时可打开存放视频的文件夹，在界面底部单击"Password"（密码）按钮，如图 11-11 所示。

图 11-9　"SecretLight"图标

图 11-10　输入密码

图 11-11　存放视频的文件夹

Step09 在打开的界面中按照不同的顺序单击下方的图标，重新设置密码，如图 11-12 所示。

Step10 单击"完成"按钮，完成修改视频文件夹的访问密码的操作，再次打开存放视频的文件夹就需要重新输入新的密码，进入后单击要播放的视频，如图 11-13 所示。

Step11 在界面底部单击"开始播放"按钮，开始播放所选的视频，如图 11-14 所示。

图 11-12　重新设置密码

图 11-13　单击要播放的视频

图 11-14　播放所选的视频

11.3.2　开启"查找我的 iPad"功能

要想在丢失后能够凭借 MobileMe 的寻找功能找到 iPad，需要提前在 iPad 中安装软件并开启寻找的功能，具体的操作步骤如下。

微视频

Step01 安装"寻找我的 iPhone"软件，在 iPad 中下载并安装"寻找我的 iPhone"（iPad 版）应用程序，如图 11-15 所示。

提示：MobileMe 是苹果公司官方提供的在线同步服务，包括电子邮件，联系人和日历的即时同步。

Step02 在 iPad 的主屏幕上单击"设置"图标按钮，如图 11-16 所示。

Step03 在设置界面中单击"邮件、通讯录、日历"选项，然后再单击"添加账户…"选项，如图 11-17 所示。

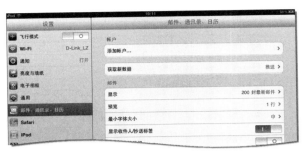

图 11-15　查找 iPhone 图标　图 11-16　设置图标　　　图 11-17　"添加账户…"选项

Step04 在弹出的"MobileMe"登录框中输入已有的 Apple ID 和密码，如图 11-18 所示。

Step05 单击"下一步"按钮，在新打开的界面中单击  按钮，该按钮变成 时即可激活"查找我的 iPad"功能。同时弹出"查找我的 iPad"对话框，提示是否启用"查找我的 iPad"功能，如图 11-19 所示。

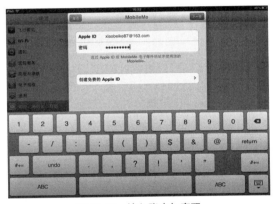

图 11-18　输入账户与密码

图 11-19　激活"查找我的 iPad"功能

提示：通过已有的 Apple ID 或 MobileMe 电子邮箱都可以登录 MobileMe。

Step06 单击"允许"按钮，同意启用该功能即可自动返回"MobileMe"界面，如图 11-20 所示。

Step07 单击"存储"按钮，此时即可自动返回"邮件、通讯录、日历"界面，看到已经登录到 MobileMe 并且开通"查找我的 iPad"功能，如图 11-21 所示。

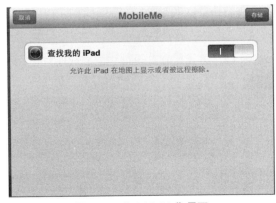

图 11-20　"MobileMe"界面

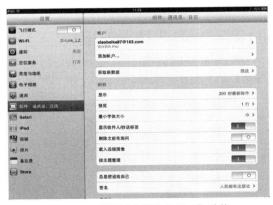

图 11-21　开通"查找我的 iPad"功能

微视频

11.3.3 远程锁定 iPad

在 iPad 中开启了查找我的 iPad 功能后，在平板电脑上可对 iPad 进行远程定位和锁定操作，避免 iPad 丢失后他人随意操作 iPad，窃取其中的信息。

Step01 打开 IE 浏览器，在地址栏中输入 me.com 后，按 Enter 键，进入"MobileMe 登录"界面。输入 Apple ID 账户与密码，如图 11-22 所示。

Step02 单击"登录"按钮，打开"MobileMe 查找我的 iPhone"界面，看到 iPad 的设备信息，如图 11-23 所示。

图 11-22 "MobileMe 登录"界面　　图 11-23 iPad 的设备信息

Step03 单击"龙数码（设备名）"标签，在弹出的对话框中显示 iPad 的定位信息，如图 11-24 所示。

Step04 单击"锁定"按钮，输入锁定密码，如图 11-25 所示。

Step05 单击"下一步"按钮，重新输入密码，单击"锁定"按钮，如图 11-26 所示。

图 11-24 iPad 的定位信息　　图 11-25 输入锁定密码　　图 11-26 重新输入密码

提示：如果 iPad 已经启用了屏幕锁定密码，此时会直接弹出对话框提示是否使用现有密码，单击"锁定"按钮，使用现有密码锁定 iPad，如图 11-27 所示。此时 iPad 可被远程锁定，使用者要解开锁定，必须输入解锁密码，如图 11-28 所示。

图 11-27 信息对话框　　图 11-28 输入密码

11.3.4 我丢失的 iPad 在哪儿

如果由于大意将 iPad 落在某个地方，被好心人捡到，你可以远程给 iPad 发信息，通过这种方式来联系捡到的人，从而找回 iPad，具体的操作步骤如下。

Step01 在"MobileMe 查找我的 iPhone"界面中单击"显示信息或播放声音"按钮，如图 11-29 所示。

Step02 输入信息，开始联系捡到的人，如图 11-30 所示。

图 11-29　定位信息框

图 11-30　输入信息

Step03 单击"发送"按钮。此时 iPad 屏幕上会显示发送的信息，如图 11-31 所示。

Step04 查找平板电脑的位置，登录 me.com，该界面显示出 iPad 的位置信息，如图 11-32 所示。

图 11-31　显示发送的信息

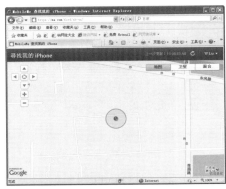

图 11-32　iPad 的位置信息

Step05 删除平板电脑中的数据，在"MobileMe 查找我的 iPhone"界面中单击"擦除"按钮，如图 11-33 所示。

Step06 单击"抹掉所有数据"按钮，可永久地删除 iPad 上所有媒体数据，并恢复为出厂设置，如图 11-34 所示。

图 11-33　单击"擦除"按钮

图 11-34　永久删除数据

11.4　实战演练

11.4.1　实战 1：使用手机交流工作问题

使用手机可以在线交流工作问题，下面以手机 QQ 为例进行介绍，具体的操作步骤如下。

Step01 下载并安装"手机 QQ"，进入 QQ 登录界面，如图 11-35 所示。

Step02 输入账号和密码后单击"登录"按钮登录 QQ，如图 11-36 所示。

Step03 在进入的好友界面后，单击联系人的名称，如图 11-37 所示。

Step04 在空白框中输入信息，然后单击"发送"按钮，发送消息，如图 11-38 所示。

图 11-35　QQ 登录界面

图 11-36　输入账号和密码

图 11-37　QQ 好友界面

图 11-38　发送消息

11.4.2　实战 2：修复 iPad 的白苹果现象

iPad 出现白苹果现象的主要原因是：系统不稳定或者软件、字体产生冲突。解决这一问题的具体操作步骤如下。

Step01 使用数据线连接平板电脑和 iPad，并启动 iTunes，iTunes 识别 iPad 后，先备份 iPad 中所有的资料，如图 11-39 所示。

Step02 卸载所有可疑的软件。在卸载软件之前一定先关闭该软件，如图 11-40 所示。

图 11-39　备份 iPad 中的资料

图 11-40　卸载可疑的软件

Step03 如果安装程序后，就已经开始白苹果，则可尝试使用手机助手访问 iPad，删除之前安装的软件文件夹，如图 11-41 所示。

微视频

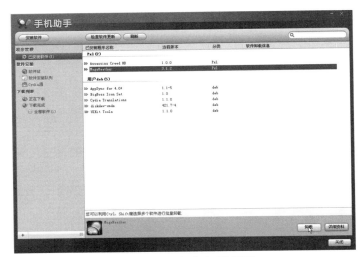

图 11-41　手机助手工作界面

第**12**章

网上银行的安全防护

随着网络的发展，现在很多人开始使用网上银行进行商品交易，资金的管理，如网上支付、转账汇款、定期存款以及网上贷款等，本章就来介绍网上银行的安全防黑内容。

12.1 开通个人网上银行

网上银行能够给人们的生活带来"3A 服务"（任何时间、任何地点、任何方式）的便利，不过要想得到这种 3A 服务，首先必须开通网上银行。这里以开通网上工商银行为例进行介绍。

12.1.1 开通个人网上银行步骤

个人网上工商银行适用的对象为：凡在工行开立本地工银财富卡、理财金账户、牡丹灵通卡、牡丹信用卡、活期存折等账户且信誉良好的个人客户，均可申请成为个人网上银行注册客户。开通个人网上工商银行的步骤如下。

Step01 需要客户提供本人有效身份证件和所需注册的工行本地银行卡或存折。

Step02 客户填写资料。客户需填写的资料为《中国工商银行电子银行个人客户注册申请表》，在填写资料之前务必知悉申请表背面的《中国工商银行电子银行个人客户服务协议》。

Step03 提交申请资料。客户应向工行提交的申请资料，包括已在本地开立账户、《中国工商银行电子银行个人客户注册申请表》、本人有效身份证件、需注册的银行卡。

Step04 客户确认签字，开通。

Step05 在计算机上安装安全控件和证书驱动。

Step06 证书安装成功后，成为个人网上银行高级客户，可使用个人网上银行的所有服务。

图 12-1 所示即为工商银行网上银行开通流程和开办条件介绍界面。

图 12-1　网上银行开通流程

12.1.2 注册个人网上银行

网上银行注册与登录的具体操作步骤如下。

Step01 打开浏览器，在地址栏中输入工商银行的网址"http://www.icbc.com.cn/"，按 Enter 键，打开工商银行首页，如图 12-2 所示。

Step 02 在其中单击"个人网上银行登录"按钮下侧的"注册"按钮，打开"网上自助注册须知"界面，在其中认真阅读其相关说明，如图 12-3 所示。

图 12-2　工商银行首页

图 12-3　"网上自助注册须知"界面

Step 03 单击"注册个人网上银行"按钮，打开"开户信息提示"界面，在其中输入用户自助注册的注册卡号、账户或注册卡密码以及验证码等，单击"提交"按钮，注册成功，如图 12-4 所示。

Step 04 在注册成功后，单击工商银行首页中的"个人网上银行登录"按钮，打开"个人网上银行登录"界面，如图 12-5 所示。

图 12-4　"开户信息提示"界面

图 12-5　"个人网上银行登录"界面

Step 05 在"卡（账）号用户名"文本框中输入个人网上银行的用户名或卡号，以及登录密码和验证码等，如图 12-6 所示。

Step 06 单击"登录"按钮，登录到个人网上银行账户界面，如图 12-7 所示。

图 12-6　输入用户名或卡号

图 12-7　个人网上银行账户界面

提示：在注册了网上银行账户后，用户就可以用注册的账户和密码登录网上银行系统，但是，在进入网上银行系统之前，还需要进行一些必要的安全设置，如下载网上银行安全控件、进行必要的登录验证等，以确保其安全性。

12.1.3　自助登录网上银行

微视频

自助登录的操作非常简单，用户只需下载和安全网上银行安全控件之后，就可以进入个人网上银行用户登录界面。进行自助登录的操作步骤如下。

Step 01 注册网上银行成功后，再次登录工商银行的网上银行，在其主页中单击"个人网上银行登录"按钮，进入中国工商银行个人网上银行登录界面，如图 12-8 所示。

Step 02 在该界面中单击"安装"链接，弹出"安全警告"对话框，提示用户是否安装此软件，如图 12-9 所示。

图 12-8　登录界面

图 12-9　"安全警告"对话框

Step 03 单击"安装"按钮，开始下载并安装银行安全控件，安装完毕后，自动返回个人网上银行登录界面，如图 12-10 所示。

Step 04 在个人网上银行登录区域中输入卡号或用户名以及登录密码和验证码等，最后单击"登录"按钮，就可以进入网上银行了，如图 12-11 所示。

图 12-10　个人网上银行登录界面

图 12-11　个人网上银行

12.2　账户信息与资金管理

在登录到个人网上银行之后，下面就可以对账户信息与资金进行管理了。本节就来介绍如何在网上管理自己的账户信息与资金。

12.2.1　账户信息管理

管理账户信息的具体操作步骤如下。

Step 01 参照网上银行登录的方法，登录个人网上银行。在界面的左侧单击"账户信息"前面的加号，展开账户信息列表，如图 12-12 所示。

微视频

图 12-12　账户信息列表

图 12-13　"账户别名维护"界面

Step 02 在"账户管理"列表中单击"账户别名维护"选项，进入"账户别名维护"界面，在"未设置"文本框中输入要设置的别名，并在"交易提示"框中查看相关提示信息，如图 12-13 所示。

图 12-14　"添加注册卡及账户"界面

Step 03 在"账户管理"列表中单击"添加注册卡及账户"选项，进入"添加注册卡及账户"界面，在其中根据提示输入相应的内容，然后单击"增加"按钮即可，如图 12-14 所示。

图 12-15　"下挂卡（账户）转注册卡（账户）"界面

Step 04 在"账户管理"列表中单击"下挂卡（账户）转注册卡（账户）"选项，进入"下挂卡（账户）转注册卡（账户）"界面，在其中根据提示选择要转为注册卡的下挂牡丹卡账户，然后单击"确定"按钮即可，如图 12-15 所示。

图 12-16　"删除注册卡及账户"界面

Step 05 在"账户管理"列表中单击"删除注册卡及账户"选项，进入"删除注册卡及账户"界面，在其中根据实际情况选择要删除的注册卡及账户，然后单击"删除"按钮即可，如图 12-16 所示。

Step06 在"账户管理"列表中单击
"财富卡管理"选项，进入"财富卡管理"
界面，在其中根据实际情况选择注册卡，
然后单击"确定"按钮，如图 12-17 所示。

图 12-17　"财富卡管理"界面

Step07 进入财富卡管理设置界面，
在其中根据实际情况选中相应的单选按
钮，如图 12-18 所示。

图 12-18　"财富卡管理"界面

Step08 设置完毕后，单击"确定"
按钮，将选择的注册卡号开通境外交易，
如图 12-19 所示。

图 12-19　开通境外交易

Step09 在"账户管理"列表中选择"银
行户口服务"选项，进入"银行户口服务"
界面，在其中根据实际情况输入支付密
码、验证码等信息。最后单击"确认"
按钮即可，如图 12-20 所示。

图 12-20　"银行户口服务"界面

Step10 在"账户管理"列表中选择
"工行账户挂入工银亚洲网银申请"选项，
进入"工行账户挂入工银亚洲网银申请"
界面，在其中根据提示输入相应的内容。
最后单击"确定"按钮即可，如图 12-21
所示。

图 12-21　"工行账户挂入工银亚洲网银申请"界面

图 12-22　"工行账户挂入工银亚洲网银取消"界面

Step11 在"账户管理"列表中选择"工行账户挂入工银亚洲网银取消"选项，进入"工行账户挂入工银亚洲网银取消"界面，在其中根据提示输入相应的卡号，如图 12-22 所示。

图 12-23　提示信息界面

Step12 单击"确定"按钮，在打开的界面中提示是否真的要取消该账户的绑定关系，如图 12-23 所示。

图 12-24　取消账户挂入成功

Step13 单击"确定"按钮，在打开的界面中提示用户工行账户挂入亚洲网银取消成功，如图 12-24 所示。

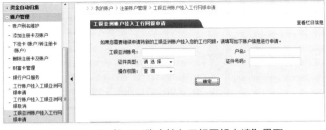

图 12-25　"工银亚洲账户挂入工行网银申请"界面

Step14 在"账户管理"列表中选择"工银亚洲账户挂入工行网银申请"选项，进入"工银亚洲账户挂入工行网银申请"界面，在其中根据提示输入相应的卡号、户名以及证件号等，如图12-25 所示。设置完毕后，单击"确定"按钮即可提交申请。

　　提示：个人网上银行用户还可以参照账户管理的方法，来对自己的账务进行查询、查看电子回单、电子工资单、住房公积金、网上纳税以及跨行账户进行管理。

微视频

12.2.2　网上支付缴费

　　网上支付已经不再是一个新的话题，随着网络技术的发展和普及，以及网购的盛行，网上支付交易越来越多，下面就以网上缴费为例，来具体讲述一下网上支付的方法。

具体的操作步骤如下。

Step01 登录个人网上银行账户中，在界面中单击"缴费站"按钮，进入"缴费产品"界面，在其中可以看到自己需要支付的清单，如图 12-26 所示。

Step02 单击"缴费"链接，进入直接缴费界面，在"金额"文本框中输入缴费的金额，如图 12-27 所示。

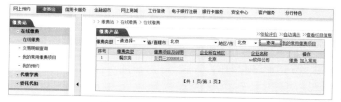

图 12-26　"缴费产品"界面

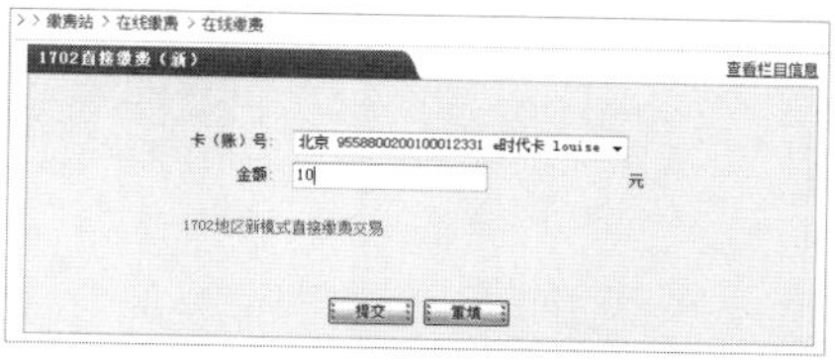

图 12-27　输入缴费金额

Step03 单击"提交"按钮，在打开的界面中输入卡号的支付密码以及验证码，如图 12-28 所示。

Step04 单击"提交"按钮即可缴费成功，并显示交易结果，显示为 ok，如图 12-29 所示。

图 12-28　输入支付密码及验证码

图 12-29　交易结果

12.2.3　网上转账汇款

微视频

转账汇款是网上银行的主要业务，尤其是对企业以及网上开店的店主来说更是如此。下面以在个人网上银行转账汇款为例，转账汇款的具体操作步骤如下。

Step01 打开个人网上银行主页，在其中单击"转账汇款"按钮，进入"转账汇款"界面，如图 12-30 所示。

Step02 在其中单击"转账"链接，进入"工行转账汇款"界面，在其中输入收款人姓名、账号；然后根据提示填写汇款信息，如图 12-31 所示。

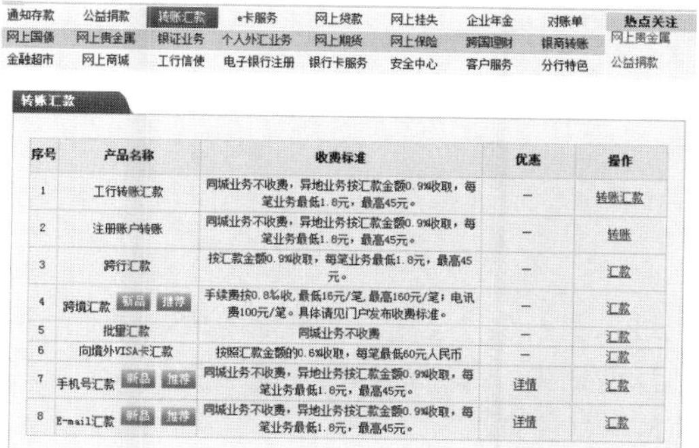

图 12-30　"转账汇款"界面

图 12-31　"工行转账汇款"界面

Step 03 输入完毕后，单击"工行转账汇款"界面中的"提交"按钮即可转账成功，如图12-32所示。

图 12-32　转账成功

12.3　网银的安全防护

　　网上银行为用户提供了安全、方便、快捷的网上理财服务，不仅使用户能够进行账户查询、支付结算等传统银行柜台服务，而且还可以实现现金管理、投资理财等功能。但是，为了保证网上银行的安全，一些安全措施是必不可少的。

12.3.1　网上挂失银行卡

微视频

图 12-33　"挂失指南"界面

　　当突然发现自己的银行卡丢失了，则必须马上进行挂失。用户可以到实体银行进行申请挂失，也可以在网上申请挂失。在网上申请挂失的操作步骤如下。

　　Step 01 登录自己的个人网上银行账户，在打开的界面中单击"网上挂失"按钮，进入"挂失指南"界面，如图12-33所示。

　　Step 02 在"操作指南"界面中单击"挂失"链接，进入"挂失"界面，如图12-34所示。

　　Step 03 在其中输入要挂失的银行卡号，并选择证件类型以及输入证件号码，单击"挂失"按钮即可，如图12-35所示。

图 12-34　"挂失"界面

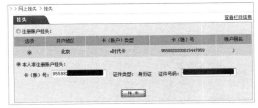

图 12-35　输入证件号码

12.3.2　避免进入钓鱼网站

　　随着使用网上银行的用户越来越多，钓鱼网站也进入了一个"飞速"发展的阶段，用户一不小心就会进入黑客设计好的钓鱼网站，最后造成不可估量的损失。那么，如何才能避免进入钓鱼网站呢？这就需要用户了解钓鱼网站的欺骗技术和防范钓鱼网站的方法。

　　网络钓鱼的技术手段有多种，如邮件攻击、跨站脚本、网站克隆、会话截取等。在各种网银事件中，最常见的是克隆网站、URL地址欺骗、浏览器漏洞攻击等，下面分别进行分析。

1. 克隆网站（也称"伪造网站"）

克隆网站的攻击形式被称作域名欺骗攻击，即网站的内容和真实的银行网站非常的相似，而且非常简单。最致命的一点是通过网站克隆技术克隆的网站和真实的网站真假很难辨别，有时只是在网站域名中有一些极细小的差别，不细心的用户就很容易上当。

进行网站克隆首先需要对网站的域名地址进行伪装欺骗，最常用的就是采用和真实银行的网址非常相似的域名地址，如虚假的农业银行域名地址为"www.95569.cn"和真实的网址"www.95599.cn"只有一个"6"字之差，不细心的用户很难发现。如图 12-36 所示即为真实农业银行与虚拟农业银行的对比图。

图 12-36　真实农业银行与虚拟农业银行的对比图

另外，在其他银行中类似的情况也出现不少，如中国工商银行假冒的网站使很多用户上当受骗，其假冒的网站域名为"www.1cbc.com.cn"，这与真实的网址"www.icbc.com.cn"只有数字"1"和字母"i"的不同，还有一些假冒的工商银行的网站地址"www.icbc.com"只比真实的网址缺少"cn"两个字母，不细心的用户根本不容易发现。图 12-37 所示即为真实工商银行与虚拟工商银行的对比图。

图 12-37　真实工商银行与虚拟工商银行的对比图

总之，网站克隆攻击很难被用户发现，一不小心就很容易上当受骗。除此之外，现在网站的域名管理也不是很严格，普通用户也可以申请注册域名，使得网站域名欺骗屡屡发生，给网银用户带来了极大的经济损失。但是，假的真不了，真的假不了，即使伪造的网站界面无论是网站的 Logo、图标、新闻和超级链接等内容都能连接到真实的网页，但在输入账号的位置处就会存在着与真实网站的不同之处，这是网站克隆攻击是否成功的关键。当用户输入自己的账号和密码时，网站会自动弹出一些不正常的窗口，如提示用户输入的账号或密码不正确，要求再次输入账号和密码的信息窗口等，如图 12-38 所示。其实，在用户第一次输入账号和密码并提示输入错误时，该账号信息已经被网站后门程序记录下来并发送给黑客手中了。

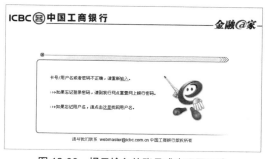

图 12-38　提示输入的账号或密码不正确

2. URL 地址欺骗攻击

URL 其全称为"Uniform Resource Locators"，即统一资源定位器的意思，在地址栏中输入的网址就属于 URL 的一种表达方式。基本上所有访问网站的用户都会使用到 URL，其作用非常强大，但也可以利用 URL 地址进行欺骗攻击，即攻击者利用一定的攻击技术，构造虚假的 URL 地址。当用户访问该地址的网页时，以为自己访问的是真实的网站，从而把自己的财务信息泄露出去，造成严重的经济损失。

在使用该方法进行诱骗时，黑客们常常是通过垃圾邮件或在各种论坛网页中发布伪造的链接地址，进而使用户访问虚假的网站。伪造虚假的 URL 地址的方法有多种，如起个具有诱惑性的网站名称、掉包易混的字母数字等，但最常用的还是利用 IE 编码或 IE 漏洞进行伪造 URL 地址，该方法使得用户点击的链接与真实的网址不符，从而登录到黑客伪造的网站中。

这里举一个具体的实例来说明利用 URL 伪造地址进行网上银行攻击的过程，具体的操作步骤如下。

Step01 在任意网上论坛中发布一个极具有诱惑性的帖子，其主题为"注册网上银行即可中 1 万元大奖！"，如图 12-39 所示。

Step02 帖子内容中输入诱惑性的信息，并留下网上银行的链接地址，这个地址的作用是诱导用户登录到自己伪造的网站中，并使用户误认为自己登录的网站地址是正确的，因此需要在帖子中加入如下代码"点击 <a href="http://www.baidu.com"> 中国农业银行网上银行 </a>，即可登录或注册网上银行就有可能中 1 万元大奖！"，如图 12-40 所示。

图 12-39　网上论坛界面

图 12-40　输入帖子内容信息

Step03 输入完毕后，单击"发表"按钮或在编辑框内按快捷键 Ctrl+Enter 发表帖子。在帖子发表成功后，可在网页中显示"中国农业银行网上银行"的信息，如图 12-41 所示。

Step04 当用户点击"中国农业银行网上银行"该链接时，打开的却是黑客伪造的网站，这里是百度网页。如果把百度的网址换成黑客伪造的银行网站，那么用户就有可能上当受骗，如图 12-42 所示。

图 12-41　发布帖子

图 12-42　百度网页

提示： 当然，这种欺骗方法是比较简单的，稍有一点上网经验的用户只需将鼠标放置在超级链接上，可在下方的状态栏中看到实际所链接到网址，从而识破该欺骗形式。

Step05 为了进一步伪装 URL 地址，还需要在真实的网上银行 URL 地址中加入相关代码，如把上述帖子内容修改为："点击 <a href="http://www.baidu.com">http://www.95599.cn/ </a>，登录或注册网上银行就有可能中 1 万元大奖！"，如图 12-43 所示。

Step06 发帖成功后，在网页中将显示"http://www.95599.cn"的链接地址，即使鼠标移动到链接地址上，在其窗口的状态栏中看起来依然连接到"http://www.95599.cn"。但是到点击该链接后才发现打开的是伪装的网站，如图 12-44 所示。

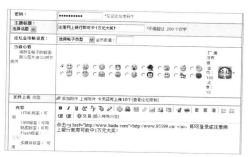

图 12-43　伪装 URL 地址

图 12-44　发帖成功后的信息

　　总之，针对上述情况，用户在上网的过程中，一定要随时注意地址栏中 URL 的变化，一旦发现地址栏中的域名发生变化就要引起高度的重视，从而避免自己上当受骗。

3. 浏览器漏洞攻击

　　利用浏览器的相关漏洞和语法错误等，可以让用户无法觉察到 URL 地址的变化，进而起到欺骗用户的目的。如在一些没有打过补丁的计算机中，将 URL 地址修改为"http://www.95599.cn/@www.baidu.com/"，当用户点击后在打开的浏览器标题栏和地址栏中都会看到其链接地址为"http://www.95599.cn"，但其实际上显示的界面却是百度网页，如图 12-45 所示。

图 12-45　百度首页

　　这时如果将百度网址换成黑客伪造的银行地址，则后果是十分严重的。另外，URL 欺骗攻击的手段还有其他形式，如利用浏览器最新漏洞或其他一些脚本编程技术，使得新打开的网页不显示地址栏或完全显示与真实网站界面一样的信息，所以网上银行使用者一定要及时为自己的系统打上漏洞补丁，以避免黑客们利用这个漏洞来窃取自己的银行账户等隐私信息。

12.3.3　使用网银安全证书

　　网银安全证书是银行系统为网银客户提供的一种高强度的安全认证产品，也是网银用户登录网上银行系统的唯一凭证。目前，所有国内银行网站，在用户第一次进入网银服务项目时，都需要下载并安装安全证书，所以网银用户可以通过检查网银安全证书，来确定打开的银行网站系统是不是黑客伪造的。这里以中国工商银行为例，来具体介绍一下网银安全证书下载并安装的过程，进而判断自己打开的工行网站的真伪，具体的操作步骤如下。

Step01 在浏览器地址栏中输入工商银行的网址"http://www.icbc.com.cn"打开该银行系统的首页，在该界面的左侧单击网上银行任意服务项目按钮，打开该服务项目的账号密码登录界面，如单击"个人网上银行登录"按钮可打开个人网上银行登录窗口，如图 12-46 所示。

Step02 在该登录界面地址栏后面可看到一个"🔒"图标按钮，单击该按钮即可弹出一个"网站标识"信息提示界面，提示用户本次与服务器的连接是加密的，如图 12-47 所示。

Step03 单击"查看证书"连接按钮，弹出"证书"对话框，在"常规"选项卡中可查看该证书的目的、颁发给、颁发者和有效起始日期等信息，如图 12-48 所示。

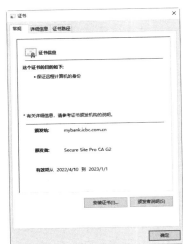

图 12-46　个人网上银行登录窗口　　　图 12-47　"网站标识"信息　　　图 12-48　"证书"对话框

Step04 单击"安装证书"按钮，弹出"欢迎使用证书导入向导"对话框。该向导将帮助网银用户把证书、证书信任列表和证书吊销列表从磁盘中复制到证书存储区中，如图 12-49 所示。

Step05 单击"下一步"按钮，弹出"证书存储"对话框，其中证书存储区是保存证书的系统区域，用户可根据实际需要自动选择证书存储区，一般采用系统默认选项"根据证书类型，自动选择证书存储区"，如图 12-50 所示。

Step06 选择完毕后，单击"下一步"按钮，弹出"正在完成证书导入向导"对话框，并提示用户已成功完成证书的导入，如图 12-51 所示。

图 12-49　"欢迎使用证书导入向导"　　　图 12-50　"证书存储"对话框　　　图 12-51　成功完成证书的导入
　　　　　　对话框

Step07 单击"完成"按钮，弹出"导入成功"对话框，至此，就完成了中国工商银行网上银行安全证书的安装操作，如图 12-52 所示。

Step08 切换到"详细信息"选项卡，在该界面中根据实际需要查看证书的相关信息，如证书的版本、序列号、主题、公钥、算法、证书策略等，如图 12-53 所示。

Step09 切换到"证书路径"选项卡，在该界面中查看证书的相关路径信息，如图 12-54 所示。

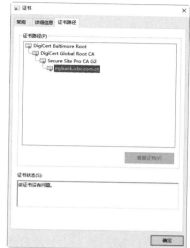

图 12-52　"导入成功"对话框　　图 12-53　"详细信息"选项卡　　图 12-54　"证书路径"选项卡

　　提示：在网银安全证书安装完毕之后，就可以使用该证书来保护自己的网银账号安全了。在查看网银证书信息时，一定要注意网银证书上的信息是否正确以及证书是否在有效期内，如果证书显示的信息不一致或不在有效期内，那么这个网上银行系统就有可能是黑客伪造的钓鱼网站。

12.3.4　使用过程中的安全

　　现在很多人都喜欢使用网上银行进行交易，以享受随时随地理财的方便，但是在用户使用网上银行服务之前，还需要提高网上银行安全防范意识，确保网上银行交易的安全。

　　在使用的过程中需要用户注意以下事项：

　　（1）不要随便开启来历不明并附带有附件的电子邮件，以免自己的计算机中毒，并且不要点击邮件中的可疑超级链接，尤其是中奖类型的链接。

　　（2）在下载安全网上银行安全控件时，一定要在网上银行系统当中进行下载，不要到不明网站中下载。

　　（3）保护好自己的身份证号、手机号、账号及密码等个人信息，不要在不熟悉的网站上输入，不要随意泄露给他人。

　　（4）如果必须提供自己的隐私信息，需要查看当前网站的隐私政策说明以及安全防护措施说明。

　　（5）定期更换自己的网上银行密码。

　　（6）避免误入假冒网站。建议访问网上银行时，直接输入网址登录，或将经常用到的银行网站地址添加到浏览器的收藏夹中，切记不要采用超级链接方式间接访问网上银行网站，如通过电子邮件以及即时通信工具对话信息中的网页链接登录银行。

　　（7）不要登录来历不明的网站并留意地址栏的域名变化。

　　（8）仔细核对网上支付交易信息。在交易支付时仔细核对商户名称和订单号，确保无误后再支付。

　　（9）妥善保管好网银盾、动态口令卡等安全产品，不要随意交给他人使用，完成交易后要及时拔出网银盾。

　　（10）切勿使用公用计算机登录网上银行的网站。

　　（11）定期查阅网上银行户口余额以及交易记录，如果发现任何错漏或未经授权的交易，请立即通知相关银行。

12.4 实战演练

12.4.1 实战1：如何网上申请信用卡

信用卡除了去银行的营业厅申请外，也可以到网上申请。网上开通信用卡申请的银行很多，开通的方式也是大同小异的，所以下面就以一家银行为例介绍网上申请信用卡的操作步骤。

Step01 在银行的网站当中，找到信用卡申请服务功能模块，如图12-55所示。

Step02 单击"信用卡在线申请"超链接，进入"信用卡申请"界面，在其中输入界面提示的相关信息，如图12-56所示。

图12-55 信用卡申请服务模块

图12-56 "信用卡申请"界面

Step03 单击"下一步"按钮，打开"信用卡申请"协议界面，勾选下方的复选框，表示愿意遵守相关协议，如图12-57所示。

Step04 单击"下一步"按钮，进入"基本资料"填写界面，在其中根据提示输入基本资料，如图12-58所示。

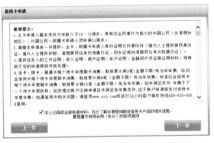

图12-57 "信用卡申请"协议界面

图12-58 "基本资料"填写界面

Step05 单击"下一步"按钮，打开"工作资料"界面，在其中输入工作资料信息，如图12-59所示。

Step06 单击"下一步"按钮，进入"对账单地址"界面，在其中根据提示输入对账单的相关地址，如图12-60所示。

图12-59 "工作资料"界面

图12-60 "对账单地址"界面

Step07 单击"下一步"按钮，打开"其他资料"界面，在其中根据提示输入其他资料，如图 12-61 所示。

Step08 单击"下一步"按钮，打开"您的申请"界面，在其中可以查看自己的基本资料，并输入手机的验证码。单击"确认提交申请"按钮，完成信用卡的网上申请操作，如图 12-62 所示。

图 12-61　"其他资料"界面

图 12-62　"您的申请"界面

提示：信用卡申请后，银行会通过客服联系用户，一般有两种情况：银行要求用户带上相关证件去营业厅办理，或者银行工作人员上门帮用户办理。只要身份等核实正确，用户符合开通信用卡的条件，那么用户的网上申请信用卡就算是真的成功了。

12.4.2　实战 2：使用网银进行网上购物

网上购物，就是通过互联网检索商品信息，并通过电子订购单发出购物请求，然后进行网上支付，厂商通过邮购的方式发货，或是通过快递公司送货上门。这里以在淘宝上购物为例，介绍使用网上银行进行购物的方法。

要想在淘宝网上购买商品，首先要注册一个账号，才可以以淘宝会员的身份在其网站上进行购物，下面介绍如何在淘宝网上注册会员并购买物品。

1. 注册淘宝会员

Step01 启动 Microsoft Edge 浏览器，在地址栏中输入"http://www.taobao.com"，打开淘宝网首页，如图 12-63 所示。

Step02 单击界面左上角的"免费注册"按钮，打开"注册协议"工作界面，如图 12-64 所示。

图 12-63　淘宝网首页

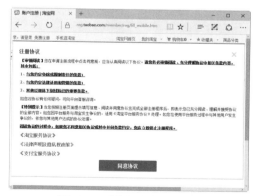

图 12-64　"注册协议"工作界面

Step03 单击"同意协议"按钮，打开"设置用户名"界面，在其中可以输入自己的手机号码进行注册，如图 12-65 所示。

Step04 单击"下一步"按钮，打开"验证手机"界面，在其中输入淘宝网发给手机的验证码，如图 12-66 所示。

图 12-65 "设置用户名"界面

图 12-66 "验证手机"界面

Step05 单击"确认"按钮，打开"填写账户信息"界面，在其中输入相关的账户信息，如图 12-67 所示。

Step06 单击"提交"按钮，打开"用户注册"界面，在其中提示用户注册成功，如图 12-68 所示。

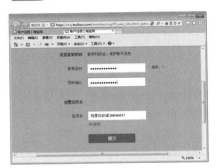

图 12-67 "填写账户信息"界面

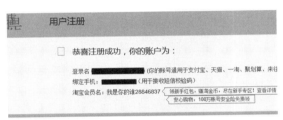

图 12-68 用户注册成功

Step07 单击"登录"按钮，打开淘宝网用户登录界面，在其中输入淘宝网的账号与登录密码，如图 12-69 所示。

Step08 单击"登录"按钮，以会员的身份登录淘宝网。这时可以在淘宝网首页的左上角会显示登录的会员名，如图 12-70 所示。

图 12-69 用户登录界面

图 12-70 淘宝网首页

2. 在淘宝网上购买商品

Step01 在淘宝网的首页搜索文本框中输入自己想要购买的商品名称，如这里想要购买一个手机壳，就可以输入"手机壳"，如图 12-71 所示。

Step 02 单击"搜索"按钮，弹出搜索结果界面，选择喜欢的商品，如图 12-72 所示。

图 12-71　输入"手机壳"

图 12-72　搜索结果界面

Step 03 单击其图片，弹出商品的详细信息界面，在"颜色分类"中选择商品的颜色分类，并输入购买的数量，如图 12-73 所示。

Step 04 单击"立刻购买"按钮，弹出发货详细信息界面，设置收货人的详细信息和运货方式，单击"提交订单"按钮，如图 12-74 所示。

图 12-73　详细信息界面

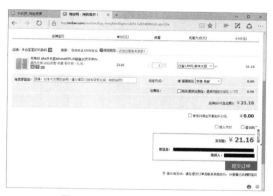

图 12-74　发货详细信息界面

Step 05 弹出支付宝-我的收银台窗口，在其中输入支付宝的支付密码，如图 12-75 所示。

Step 06 单击"确认付款"按钮，完成整个网上购物操作，新打开界面中会显示付款成功的相关信息，下面只需要等待快递送货即可，如图 12-76 所示。

图 12-75　输入支付宝的支付密码

图 12-76　付款成功

205

第**13**章

手机支付的安全防护

随着科技迅猛发展，移动终端也在不断突破和变革。手机起初还只是打电话、发短信的联系工具，随着娱乐功能、移动银行等各类服务的加入，人们越来越离不开手机。"手机钱包"也融入了人们的生活。本章介绍手机钱包的防黑策略。

13.1 手机钱包的攻击手法

在用户享受手机支付带来的轻松方便同时，如何确保支付安全，也成了许多用户关注与担心的焦点。交易过程中存在的安全隐患，将间接导致交易失败，甚至严重威胁我们的财产安全。

13.1.1 手机病毒

手机窃听病毒的出现给人们提了个醒，开放的手机系统平台为人们带来多种精彩的同时，还带来了诸多风险与安全隐患，智能手机的开放性给恶意软件等安全威胁带来可乘之机。

手机支付时代的到来，各大手机运营商纷纷开发出手机支付客户端软件，中国移动推出的综合性移动支付服务，如缴话费、收付款、生活缴费、订单支付等；中国银联借助其强大的金融渠道体系，在"手机银行"中实现了包括手机话费查询及缴纳、银行卡余额查询、航空订票等多种支付服务；第三方在线支付厂商也逐步把互联网上的成熟消费模式移植到手机终端上。

与此同时，病毒的魔爪也悄悄伸向人们的手机"钱包"，染上盗号病毒的手机会将用户的网银、手机炒股等重要密码，传送给不法分子。此类手机盗号病毒具备极强的传播性，伪装巧妙，感染用户手机后，自动启动并在后台运行，且难以简单卸载清除。

13.1.2 盗取手机

由于手机支付，支付账户和手机必须进行绑定。手机不慎丢失后，如果用户未设置支付密码或验证过于简单，很容易被他人利用，造成盗用机主名义完成相关支付。

13.2 手机钱包的防护

在了解了手机钱包的攻击手法后，下面介绍相对应的防护策略。

13.2.1 手机盗号病毒的防范

为避免手机用户被不法分子侵害，建议用户应谨慎点击短信链接、运行不明彩信附件等，并在网络下载和通过蓝牙等设备接收到陌生安装包时，及时通过手机安全软件对其进行安全检测。

由于近期在应用商店中频繁出现伪装成正常手机软件，在用户下载后屏蔽运营商业务短信并实施扣费的安卓恶意软件，建议用户在通过软件商店下载应用程序后及时进行安全检测，阻止恶意插件的安装。同时，密切关注自己的手机资费情况，发现手机话费存在异常，且无法收到正常的业务提示时，用户应选择通过拨打运营商客服电话等方式做详细了解，或前往营业厅查询当前手机的业务开通情况。

特别是针对盗号类手机病毒，用户要选择正规手机软件下载网站下载，切勿轻信"破解版""完美修正版"等经过"二次打包"的手机软件、手机游戏等，谨防其中埋藏手机病毒。

如果自己的手机是智能手机，可以到网上下载适配自己手机型号或系统的杀毒软件，如图 13-1 所示为 360 手机急救箱的下载界面。移动端 360 手机急救箱为全球首款安卓手机病毒木马专杀利器，为您的手机提供更强大的木马查杀能力！

图 13-1　360 手机急救箱

13.2.2　手机丢失后的手机钱包的防范

自己的手机一旦丢失，为了防止不法分子冒充自己使用手机钱包，应立刻通知银行取消此项业务，这样盗取或捡到手机的人也会因为不知道密码而无法消费。如图 13-2 所示为中国工商银行的手机银行业务界面。

图 13-2　手机银行业务界面

13.2.3　强健手机钱包的支付密码

由于用户信息是通过无线传输方式，其加密手段相对简单，一旦手机钱包的支付密码被破解，用户的损失将很难挽回。针对这种情况，就要求用户设置相对复杂的密码。复杂密码应该符合以下条件。

- 不要使用可轻易获得的关于自己的信息作为密码。这包括执照号码、电话号码、身份证号码、工作证号码、生日、手机号码、所居住的街道名字等。
- 定期更换密码，因为 8 位数以上的字母、数字和其他符号的组合也不是绝对无懈可击的，但更换密码前请确保所使用计算机的安全。
- 不要把密码轻易告诉任何人。尽可能避免因为对方是网友或现实生活中的朋友，就把密码告诉他。
- 避免多个资源共用一个密码，一旦一个密码泄露，所有的资源都受到威胁。
- 不要让 Windows 或者浏览器保存你任何形式的密码，因为 "*" 符号掩盖不了真实的密码。Windows 只是将密码以智障者的加密算法储存在某个文件中。
- 不要随意放置账号密码，要把账号密码存放在相对安全的位置。密码写在台历上、记在钱包上、写入掌上电脑等都是危险的做法。
- 申请密码保护，也就是设置安全码，安全码不要和密码设置的一样。如果没有设置安全码，别人一旦破解密码，就可以把密码和注册资料（除证件号码）全部修改。
- 不使用简单密码，推荐使用密码设置为 8 位以上的大小写字母、数字和其他符号的组合。

13.2.4 微信手机钱包的安全设置

微视频

微信支付已经是当前流行的支付方式了，因此，对微信手机钱包的安全设置非常重要，安全设置的操作步骤如下。

Step01 在手机微信中进入"我的钱包"界面，如图 13-3 所示。

Step02 点按右上角的 图标，进入"支付中心"界面，如图 13-4 所示。

Step03 点按支付安全选项，进入"支付安全"界面，在其中可以选择更多的安全设置，如图 13-5 所示。

Step04 点按数字证书选项，进入"数字证书"界面，提示用户未启用数字证书，如图 13-6 所示。

图 13-3 "我的钱包"界面

图 13-4 "支付中心"界面

图 13-5 "支付安全"界面

图 13-6 "数字证书"界面

Step05 点按"启用"按钮，进入"启用数字证书"界面，在其中输入身份证号，如图 13-7 所示。

Step06 点按"验证"按钮，开始验证身份证信息，验证完成后，会给出相应的提示信息，如图 13-8 所示。

Step07 返回"支付安全"界面，在其中可以看到数字证书已经启用，使用同样的方法还可以启动钱包锁功能，如图 13-9 所示。

图 13-7　"启用数字证书"界面

图 13-8　验证身份证信息

图 13-9　"支付安全"界面

13.3　实战演练

13.3.1　实战 1：使用微信手机钱包转账

使用手机钱包转账是目前比较流行的支付方式，下面介绍使用手机钱包转账的方法与步骤。

Step01 登录微信，点按需要给予转换的用户，进入微信聊天界面，点按右侧的"⊕"图标，进入如图 13-10 所示界面。

Step02 点按"转账"图标，进入"转账"界面，在其中输入转账金额，如这里输入 100，如图 13-11 所示。

Step03 点按"转账"按钮，进入"请输入支付密码"界面，在其中需要输入支付密码，如图 13-12 所示。

图 13-10　微信聊天界面

图 13-11　"转账"界面

图 13-12　输入支付密码

Step04 输入密码正确后，会弹出支付成功界面，如图 13-13 所示。

Step05 点按"完成"按钮即可将款项发送给对方，并显示发送的金额，如图 13-14 所示。

Step06 当对方收钱后，会给自己返回一个对方已确认收钱的信息提示，如图 13-15 所示。

图 13-13　支付成功界面

图 13-14　显示发送的金额

图 13-15　已收钱信息提示

微视频

13.3.2　实战 2：使用手机钱包给手机充值

使用手机钱包可以给手机号充值，具体的操作步骤如下。

Step01 在手机微信中进入"我"界面，在其中可以看到"钱包"选项，如图 13-16 所示。

Step02 点按"钱包"选项，进入"钱包"设置界面，可以看到当前钱包中的零钱以及服务项目，如图 13-17 所示。

Step03 点按"手机充值"选项，进入"手机充值"界面，在其中输入手机号码，如图 13-18 所示。

Step04 点按需要充值的金额，如这里点按 50 元，会弹出支付界面，点按"确认支付"按钮，完成使用钱包充值话费的操作，如图 13-19 所示。

图 13-16　"钱包"选项

图 13-17　"钱包"设置界面

图 13-18　"手机充值"界面

图 13-19　成功充值话费

第14章

无线网络的安全防护

无线网络是利用电磁波作为数据传输的媒介。就应用层面而言，与有线网络的用途完全相似，最大的不同是传输信息的媒介不同。本章就来介绍无线网络的安全防护，主要内容包括组建无线局域网、共享无线上网、无线网络的安全防护策略、无线路由器的管理工具等。

14.1　组建无线网络

无线局域网络的搭建给家庭无线办公带来了很多方便，而且可随意改变家庭里的办公位置而不受束缚，大大方便了现代人的追求。

14.1.1　搭建无线网环境

建立无线局域网的操作比较简单，在有线网络到户后，用户只需连接一个具有无线 Wi-Fi 功能的路由器，然后各房间里的计算机、笔记本电脑、手机和 iPad 等设备利用无线网卡与路由器之间建立无线链接，构建整个办公室的内部无线局域网，如图14-1 所示为一个无线局域网连接示意图。

图 14-1　无线局域网连接示意图

微视频

14.1.2　配置无线局域网

建立无线局域网的第一步就是配置无线路由器，默认情况下，具有无线功能的路由器是不开启无线功能的，需要用户手动配置，在开启了路由器的无线功能后，下面就可以配置无线网了。

使用计算机配置无线网的操作步骤如下。

Step01 打开浏览器，在地址栏中输入路由器的网址，一般情况下路由器的默认网址为"192.168.0.1"，输入完毕后单击"转至"按钮，打开路由器的登录窗口，如图14-2 所示。

Step02 在"请输入管理员密码"文本框中输入管理员的密码，默认情况下管理员的密码为"123456"，如图14-3 所示。

图 14-2　路由器登录窗口 　　　　　　　　图 14-3　输入管理员的密码

Step03 单击"确认"按钮，进入路由器的"运行状态"工作界面，在其中可以查看路由器的基本信息，如图 14-4 所示。

Step04 选择窗口左侧的"无线设置"选项，在打开的子选项中选择"基本信息"选项，可在右侧的窗格中显示无线设置的基本功能，并分别勾选"开始无线功能"和"开启 SSID 广播"复选框，如图 14-5 所示。

图 14-4　"运行状态"工作界面 　　　　　　图 14-5　无线设置的基本功能

Step05 当开启了路由器的无线功能后，单击"保存"按钮进行保存，然后重新启动路由器，完成无线网的设置，这样具有 Wi-Fi 功能的手机、计算机、iPad 等电子设备就可以与路由器进行无线连接，从而实现共享上网。

14.1.3　将计算机接入无线网

微视频

笔记本电脑具有无线接入功能，台式电脑要想接入无线网，需要购买相应的无线接收器，这里以笔记本电脑为例，介绍如何将电脑接入无线网，具体的操作步骤如下。

Step01 右击笔记本电脑桌面无线连接图标，打开"网络和共享中心"窗口，在其中可以看到本台电脑的网络连接状态，如图 14-6 所示。

Step02 单击无线连接图标，在打开的界面中显示了电脑自动搜索的无线设备和信号，如图 14-7 所示。

Step03 单击一个无线连接设备，展开无线连接功能，在其中勾选"自动连接"复选框，如图 14-8 所示。

Step04 单击"连接"按钮，在打开的界面中输入无线连接设备的连接密码，如图 14-9 所示。

Step05 单击"下一步"按钮，开始连接网络，如图 14-10 所示。

图 14-6　"网络和共享中心"窗口

图 14-7　无线设备信息

图 14-8　无线连接功能

图 14-9　输入密码

图 14-10　开始连接网络

Step 06 连接到网络之后，桌面右下角的无线连接设备显示正常，并以弧线的方法显示信号的强弱，如图 14-11 所示。

Step 07 再次打开"网络和共享中心"窗口，在其中可以看到这台计算机当前的连接状态，如图 14-12 所示。

图 14-11　连接设备显示正常

图 14-12　当前的连接状态

微视频

14.1.4　将手机接入 Wi-Fi

无线局域网配置完成后，用户可以将手机接入 Wi-Fi，从而实现无线上网，手机接入 Wi-Fi 的操作步骤如下。

Step01 在手机界面中用点按"设置"图标，进入手机的"设置"界面，如图 14-13 所示。

Step02 点按 WLAN 右侧的"已关闭"，开启手机 WLAN 功能，并自动搜索周围可用的网络，如图 14-14 所示。

Step03 点按下面可用的网络，弹出连接界面，在其中输入相关密码，如图 14-15 所示。

Step04 点按"连接"按钮即可将手机接入 Wi-Fi，并在下方显示"已连接"字样。这样手机就接入了 Wi-Fi，然后就可以使用手机进行上网了，如图 14-16 所示。

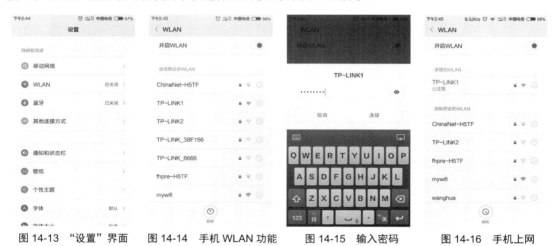

图 14-13　"设置"界面　　图 14-14　手机 WLAN 功能　　图 14-15　输入密码　　图 14-16　手机上网

14.2　计算机和手机共享无线上网

目前，随着网络和手机上网的普及，计算机和手机的网络是可以互相共享的，这在一定程度上方便了用户。例如：如果手机共享计算机的网络，则可以节省手机的上网流量；如果自己的计算机不在有线网络环境中，则可以利用手机的流量进行上网。

微视频

14.2.1　手机共享计算机的网络

计算机和手机网络的共享需要借助第三方软件，这样可以使整个操作简单方便，这里以借助360 免费 Wi-Fi 软件为例进行介绍。

Step01 将计算机接入 Wi-Fi 环境当中，如图 14-17 所示。

Step02 在计算机中安装 360 免费 Wi-Fi 软件，然后打开其工作界面，在其中设置 Wi-Fi 名称与密码，如图 14-18 所示。

Step03 打开手机的 WLAN 搜索功能，可以看到搜索出来的 Wi-Fi 名称，如这里是"LB-LINK1"，如图 14-19 所示。

Step04 使用手指点按"LB-LINK1"即可打开 Wi-Fi 连接界面，在其中输入密码，如图 14-20 所示。

Step05 点按"连接"按钮，手机就可以通过计算机发生出来的 Wi-Fi 信号进行上网了，如图 14-21 所示。

Step06 返回计算机工作环境当中，在"360 免费 Wi-Fi"的工作界面中选择"已经连接的手机"选项卡，则可以在打开的界面中查看通过此计算机上网的手机信息，如图 14-22 所示。

图 14-17　计算机接入 Wi-Fi

图 14-18　360 免费 Wi-Fi

图 14-19　搜索 Wi-Fi

图 14-20　输入密码

图 14-21　手机上网

图 14-22　查看手机信息

14.2.2　计算机共享手机的网络

手机可以共享计算机的网络，计算机也可以共享手机的网络，具体的操作步骤如下。

微视频

Step01 打开手机，进入手机的设置界面，在其中使用手指点按"便携式 WLAN 热点"，开启手机的便携式 WLAN 热点功能，如图 14-23 所示。

Step02 返回计算机的操作界面，单击右下角的无线连接图标，在打开的界面中显示了计算机自动搜索的无线设备和信号，这里就可以看到手机的无线设备信息 HUAWEI C8815，如图 14-24 所示。

Step03 单击手机无线设备，打开其连接界面，如图 14-25 所示。

图 14-23　开启手机热点

图 14-24　搜索无线设备

图 14-25　连接界面

Step04 单击"连接"按钮，将计算机通过手机设备连接网络，如图 14-26 所示。

Step05 连接成功后，在手机设备下方显示"已连接、开放"信息，其中的"开放"表示该手机设备没有进行加密处理，如图 14-27 所示。

图 14-26　计算机通过手机连接网络

图 14-27　连接成功

提示：至此，就完成了计算机通过手机上网的操作，这里需要注意的是一定要注意手机的上网流量使用情况。

14.2.3　加密手机 WLAN 热点

为保证手机的安全，一般需要给手机的 WLAN 热点功能添加密码，具体的操作步骤如下。

Step01 在手机的移动热点设置界面中，点按"配置 WLAN 热点"功能，在弹出的界面中点按"开放"选项，可以选择手机设备的加密方式，如图 14-28 所示。

Step02 选择好加密方式后，可在下方显示密码输入框，在其中输入密码，然后单击"保存"按钮即可，如图 14-29 所示。

Step03 加密完成后，使用计算机再连接手机设备时，系统提示用户输入网络安全密钥，如图 14-30 所示。

图 14-28　选择加密方式

图 14-29　输入密码

图 14-30　输入网络安全密钥

14.3　无线网络的安全策略

无线网络不需要物理线缆，非常方便。正因为无线需要靠无线信号进行信息传输，而无线信号又管理不便，数据的安全性因此更是面临了前所未有的挑战。于是，各种各样的无线加密算法应运而生。

14.3.1　设置管理员密码

路由器的初始密码比较简单，为了保证局域网的安全，一般需要修改或设置管理员密码，具体的操作步骤如下。

Step01 打开路由器的后台设置界面，选择"系统工具"选项下的"修改登录密码"选项，打开"修改管理员密码"工作界面，如图 14-31 所示。

Step02 在"原密码"文本框中输入原来的密码，在"新密码"和"确认新密码"文本框中输入新设置的密码，最后单击"保存"按钮即可，如图 14-32 所示。

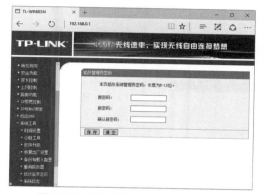

图 14-31　"修改管理员密码"工作界面

图 14-32　输入密码

14.3.2　无线网络 WEP 加密

WEP 采用对称加密机理，数据的加密和解密采用相同的密钥和加密算法。下面详细介绍无线网络 WEP 加密的具体方法。

1. 设置无线路由器WEP加密数据

打开路由器的后台设置界面，在其中选择"无线设置"选项下的"基本设置"选项，勾选"开启安全设置"复选框，在"安全类型"下拉菜单中选择"WEP"选项，在"密钥格式选择"下拉菜单中选择"ASCⅡ码"选项。设置密钥，在"密钥1"后面的"密钥类型"下拉列表中选择"64 位"选项，在"密钥内容"文本框中输入要使用的密码，本实例输入密码为"cisco"，单击"保存"按钮，如图 14-33 所示。

2. 客户端连接

需要 WEP 加密认证的无线客户端连接的具体操作步骤。

Step01 单击系统桌面右下角 图标，无线客户端自动扫描到区域内的所有无线信号，如图 14-34 所示。

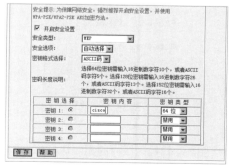

图 14-33　路由器后台设置界面

图 14-34　所有无线信号

Step02 右击"tp-link"信号，从弹出的快捷菜单中选择"连接"选项，如图 14-35 所示。

Step03 弹出"连接到网络"对话框，在"安全密钥"文本框中输入密码"cisco"，单击"确定"按钮，如图 14-36 所示。

Step04 单击系统桌面右下角![图标]图标，将鼠标放在"tp-link"信号上，可以看到无线信号的连接情况，表明已经成功连接无线路由器，如图 14-37 所示。

图 14-35　"连接"选项

图 14-36　输入密钥

图 14-37　成功连接无线路由器

14.3.3　WPA–PSK 安全加密算法

WPA-PSK 可以看成是一个认证机制，只要求一个单一的密码进入每个无线局域网节点（例如无线路由器），只要密码正确，就可以使用无线网络。下面介绍如何使用 WPA-PSK 或者 WPA2-PSK 加密无线网络。

1. 设置无线路由器WPA-PSK安全加密数据

Step01 打开路由器的后台设置界面，选择左侧"无线设置"→"基本设置"选项，勾选"开启安全设置"复选框，在"安全类型"下拉列表中选择"WPA-PSK/WAP2-PSK"选项，在"安全选项"和"加密方法"下拉菜单中分别选择"自动选择"选项，在"PSK 密码"文本框中输入加密密码，本实例设置密码为"sushi1986"，如图 14-38 所示。

Step02 单击"保存"按钮，弹出一个提示对话框，单击"确定"按钮，重新启动路由器即可，如图 14-39 所示。

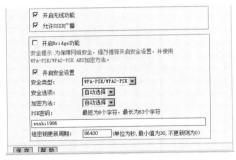

图 14-38　输入加密密码

图 14-39　信息对话框

2. 使用WPA-PSK安全加密认证的无线客户端。

Step01 单击系统桌面右下角![图标]图标，无线客户端会自动扫描区域内的无线信号，如图 14-40 所示。

Step02 右击"tp-link"信号，从弹出的快捷菜单中选择"连接"选项，如图 14-41 所示。

Step03 弹出"连接到网络"对话框，在"安全密钥"文本框中输入密码"sushi1986"，单击"确定"按钮，如图 14-42 所示。

Step04 单击系统桌面右下角 ■ 图标，将鼠标放在"tp-link"信号上，可以看到无线信号的连接情况，所示表明已经成功连接无线路由器，如图 14-43 所示。

图 14-40　无线信号

图 14-41　"连接"选项

图 14-42　输入安全密钥

图 14-43　连接成功

提示：在 WPA-PSK 加密算法的使用过程中，密码设置应该尽可能复杂，并且要注意定期更改密码。

14.3.4　禁用 SSID 广播

SSID 就是一个无线网络的名称，无线客户端通过无线网络的 SSID 来区分不同的无线网络。为了安全期间，往往要求无线 AP（接入点）禁止广播该 SSID，只有知道该无线网络 SSID 的人员才 微视频 可以进行无线网络连接，禁用 SSID 广播的具体操作步骤如下。

1. 设置无线路由器禁用SSID广播

无线路由器禁用 SSID 广播的具体操作步骤如下。

Step01 打开路由器的后台设置界面，设置自己无线网络的 SSID 信息，取消对"允许 SSID 广播"复选框的勾选，单击"保存"按钮，如图 14-44 所示。

Step02 弹出一个提示对话框，单击"确定"按钮，重新启动路由器，如图 14-45 所示。

图 14-44　无线网络的 SSID 信息

图 14-45　信息对话框

2. 客户端连接

禁用 SSID 广播的无线客户端连接的具体操作步骤如下。

Step01 单击系统桌面右下角【 ■ 】图标，会看到无线客户端自动扫描到区域内的所有无线信号，会发现其中没有 SSID 为"ssh"的无线网络，但是会出现一个名称为"其他网络"的信号，如图 14-46 所示。

Step02 右击"其他网络"，从弹出的快捷菜单中选择"连接"选项，如图 14-47 所示。

Step03 弹出"连接到网络"对话框，在"名称"文本框中输入要连接网络的 SSID 号，本实例这里输入"ssh"，单击"确定"按钮，如图 14-48 所示。

图 14-46　所有无线信号

图 14-47　"连接"选项

图 14-48　输入网络的名称

Step04 在"安全密钥"文本框中输入无线网络的密钥，本实例这里输入密钥 sushi1986，单击"确定"按钮，如图 14-49 所示。

Step05 单击右下角 图标，将鼠标放在 ssh 信号上可以看到无线网络的连接情况，如图 14-50 所示，表明无线客户端已经成功连接到无线路由器。

图 14-49　输入安全密钥

图 14-50　成功连接路由器

14.3.5　媒体访问控制（MAC）地址过滤

网络管理的主要任务之一就是控制客户端对网络的接入和对客户端的上网行为进行控制，无线网络也不例外，通常无线 AP 利用媒体访问控制（MAC）地址过滤的方法来限制无线客户端的接入。

使用无线路由器进行 MAC 地址过滤的具体操作步骤如下。

Step01 打开路由器的 Web 后台设置界面，在其中选择"无线设置"选项下的"MAC 地址过滤"选项，默认情况 MAC 地址过滤功能是关闭状态，单击"启用过滤"按钮，开启 MAC 地址过滤功能，单击"添加新条目"按钮，如图 14-51 所示。

Step02 打开"MAC 地址过滤"对话框，在"MAC 地址"文本框中输入无线客户端的 MAC 地址，本实例输入 MAC 地址为"00-0c-29-5A-3C-97"，在"描述"文本框中输入 MAC 描述信息 sushipc，在"类型"下拉菜单中选择"允许"选项，在"状态"下拉菜单中选择"生效"选项，依照此步骤将所有合法的无线客户端的 MAC 地址加入到此 MAC 地址表后，单击"保存"按钮，如图 14-52 所示。

Step03 选中"过滤规则"选项下的"禁止"单选按钮，表明在下面 MAC 列表中生效规则之外的 MAC 地址可以访问无线网络，如图 14-53 所示。

图 14-51　开启 MAC 地址过滤功能　　图 14-52　"MAC 地址过滤"对话框　　图 14-53　"MAC 地址过滤"对话框

Step04 这样无线客户端在访问无线 AP 时，会发现除了 MAC 地址表中的 MAC 地址之外，其他的 MAC 地址无法在访问无线 AP，也就无法访问互联网。

14.3.6　通过修改 Wi-Fi 名称隐藏路由器

微视频

Wi-Fi 的名称通常是指路由器当中 SSID 号的名称，该名称可以根据自己的需要进行修改，具体的操作步骤如下。

Step01 打开路由器的后台设置界面，在其中选择"无线设置"选项下的"基本设置"选项，打开"无线网络基本设置"工作界面，如图 14-54 所示。

Step02 将 SSID 号的名称由"TP-LINK1"修改为 wifi，最后单击"确定"按钮，保存 Wi-Fi 修改后的名称，如图 14-55 所示。

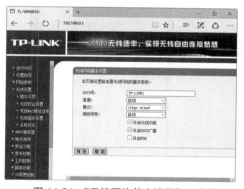
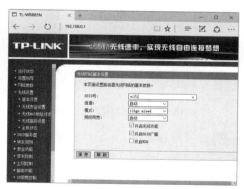

图 14-54　"无线网络基本设置"工作界面　　　　图 14-55　保存 Wi-Fi 修改后的名称

14.4　无线路由器的安全管理工具

使用无线路由管理工具可以方便管理无线网络中的上网设备，本节就来介绍两个无线路由安全管理工具，包括《360 路由器卫士》与《路由优化大师》。

14.4.1　360 路由器卫士

《360 路由器卫士》是一款由 360 官方推出的绿色免费的家庭必备无线网络管理工具。《360 路由器卫士》软件功能强大，支持几乎所有的路由器。在管理的过程中，一旦发现蹭网设备想踢就踢。微视频下面介绍使用《360 路由器卫士》管理网络的操作方法。

Step01 下载并安装《360 路由器卫士》，双击桌面上的快捷图标，打开"路由器卫士"工作界面，提示用户正在连接路由器，如图 14-56 所示。

Step 02 连接成功后，弹出"路由器卫士提醒您"对话框，在其中输入路由器账号与密码，如图 14-57 所示。

图 14-56 "路由器卫士"工作界面

图 14-57 输入路由器账号与密码

Step 03 单击"下一步"按钮，进入"我的路由"工作界面，在其中可以看到当前的在线设备，如图 14-58 所示。

Step 04 如果想要对某个设备限速，则可以单击设备后的"限速"按钮，弹出"限速"对话框，在其中设置设备的上传速度与下载速度，设置完毕后单击"确认"按钮即可保存设置，如图 14-59 所示。

图 14-58 "我的路由"工作界面

图 14-59 "限速"对话框

Step 05 在管理的过程中，一旦发现有蹭网设备，可以单击该设备后的"禁止上网"按钮，如图 14-60 所示。

Step 06 禁止上网完后，单击"黑名单"选项卡，进入"黑名单"设置界面，在其中可以看到被禁止的上网设备，如图 14-61 所示。

图 14-60 禁止不明设置上网

图 14-61 "黑名单"设置界面

Step 07 选择"路由防黑"选项卡，进入"路由防黑"设置界面，在其中可以对路由器进行防黑检测，如图 14-62 所示。

Step 08 单击"立即检测"按钮，开始对路由器进行检测，并给出检测结果，如图 14-63 所示。

图 14-62　"路由防黑"设置界面

图 14-63　检测结果

Step 09 选择"路由跑分"选项卡，进入"路由跑分"设置界面，在其中可以查看当前路由器信息，如图 14-64 所示。

Step 10 单击"开始跑分"按钮，开始评估当前路由器的性能，如图 14-65 所示。

图 14-64　"路由跑分"设置界面

图 14-65　评估当前路由器的性能

Step 11 评估完成后，会在"路由跑分"界面中给出跑分排行榜信息，如图 14-66 所示。

Step 12 选择"路由设置"选项卡，进入"路由设置"设置界面，在其中可以对宽带上网、Wi-Fi 密码、路由器密码等选项进行设置，如图 14-67 所示。

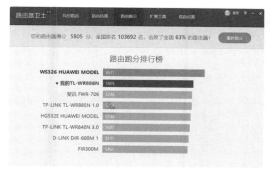

图 14-66　跑分排行榜信息

图 14-67　路由设置界面

Step 13 选择"路由时光机"选项，在打开的界面中单击"立即开启"按钮，打开"时光机开启"设置界面，在其中输入 360 账号与密码，然后单击"立即登录并开启"按钮，开启时光机，如图 14-68 所示。

图 14-68 "时光机开启"设置界面

Step14 选择"宽带上网"选项，进入"宽带上网"界面，在其中输入网络运营商给出的上网账号与密码，单击"保存设置"按钮，保存设置，如图 14-69 所示。

Step15 选择"Wi-Fi 密码"选项，进入"Wi-Fi 密码"界面，在其中输入 Wi-Fi 密码，单击"保存设置"按钮，保存设置，如图 14-70 所示。

图 14-69 "宽带上网"界面

图 14-70 "Wi-Fi 密码"界面

Step16 选择"路由器密码"选项，进入"路由器密码"界面，在其中输入路由器密码，单击"保存设置"按钮，保存设置，如图 14-71 所示。

Step17 选择"重启路由器"选项，进入"重启路由器"界面，单击"重启"按钮，对当前路由器进行重启操作，如图 14-72 所示。

图 14-71 "路由器密码"界面

图 14-72 "重启路由器"界面

另外，使用《360 路由器卫士》在管理无线网络安全的过程中，一旦检测到有设备通过路由器上网，就会弹出信息对话框，如图 14-73 所示。

单击"管理"按钮，打开该设备的详细信息界面，在其中可以对网速进行限制管理，最后单击"确认"按钮即可，如图 14-74 所示。

图 14-73　信息对话框

图 14-74　详细信息界面

14.4.2　路由优化大师

微视频

《路由优化大师》是一款专业的路由器设置软件，其主要功能有一键设置优化路由、屏广告、防蹭网、路由器全面检测及高级设置等，从而保护路由器安全。

使用《路由优化大师》管理无线网络安全的操作步骤如下。

Step 01 下载并安装《路由优化大师》，双击桌面上的快捷图标，打开"路由优化大师"工作界面，如图 14-75 所示。

Step 02 单击"登录"按钮，打开"RMTools"窗口，在其中输入管理员密码，如图 14-76 所示。

图 14-75　"路由优化大师"工作界面

图 14-76　输入管理员密码

Step 03 单击"确定"按钮，进入路由器工作界面，在其中可以看到主人网络和访客网络信息，如图 14-77 所示。

Step 04 单击"设备管理"图标，进入"设备管理"工作界面，在其中可以看到当前无线网络中的连接设备，如图 14-78 所示。

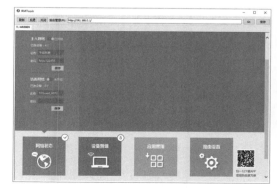

图 14-77　路由器工作界面

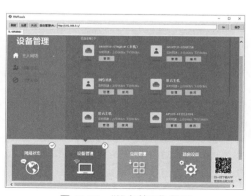

图 14-78　"设备管理"界面

Step 05 如果想要对某个设备进行管理，则可以单击"管理"按钮，进入该设备的管理界面，在其中可以设置设备的上传速度、下载速度以及上网时间等信息，如图 14-79 所示。

Step 06 单击"添加允许上网时间段"超链接，打开上网时间段的设置界面，在其中可以设置时间段描述信息、开始时间、结束时间等，如图 14-80 所示。

图 14-79　设备管理界面

图 14-80　上网时间段的设置界面

Step 07 单击"确定"按钮，完成上网时间段的设置操作，如图 14-81 所示。

Step 08 单击"应用管理"图标，进入应用管理工作界面，在其中可以看到路由优化大师为用户提供的应用程序，如图 14-82 所示。

图 14-81　上网时间段的设置

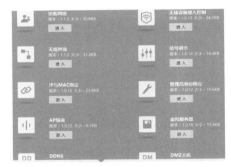

图 14-82　应用管理工作界面

Step 09 如果想要使用某个应用程序，则可以单击某应用程序下的"进入"按钮，进入该应用程序的设置界面，如图 14-83 所示。

Step 10 单击"路由设置"图标，在打开的界面中可以查看当前路由器的设置信息，如图14-84所示。

图 14-83　应用程序的设置界面

图 14-84　路由器的设置信息

Step 11 选择左侧的"上网设置"选项，在打开的界面中可以对当前的上网信息进行设置，如图 14-85 所示。

Step 12 选择"无线设置"选项，在打开的界面中可以对路由的无线功能进行开关、名称、密码等信息进行设置，如图 14-86 所示。

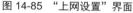

图 14-85　"上网设置"界面

图 14-86　"无线设置"界面

Step 13 选择"LAN 口设置"选项，在打开的界面中可以对路由的 LAN 口进行设置，如图 14-87 所示。

Step 14 选择"DHCP 服务器"选项，在打开的界面中可以对路由的 DHCP 服务器进行设置，如图 14-88 所示。

图 14-87　"LAN 口设置"界面

图 14-88　"DHCP 服务器"界面

Step 15 选择"在线升级"选项，在打开的界面中可以对路由优化大师的版本进行升级操作，如图 14-89 所示。

Step 16 选择"修改管理员密码"选项，在打开的界面中可以对管理员密码进行修改设置，如图 14-90 所示。

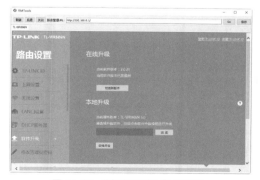

图 14-89　"在线升级"设置界面

图 14-90　"修改管理员密码"界面

Step 17 选择"备份和载入配置"选项，在打开的界面中可以对当前路由器的配置进行备份和载入设置，如图 14-91 所示。

Step 18 选择"重启和恢复出厂"选项，在打开的界面中可以对当前路由器进行重启和恢复出厂设置，如图 14-92 所示。

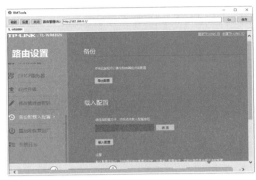

图 14-91 "备份和载入配置"界面

图 14-92 "重启和恢复出厂"界面

Step 19 选择"系统日志"选项，在打开的界面中可以查看当前路由器的系统日志信息，如图 14-93 所示。

Step 20 路由器设备设置完毕后，返回路由优化大师的工作界面中，选择"防蹭网"选项，在打开的界面中可以设置进行防蹭网设置，如图 14-94 所示。

图 14-93 "系统日志"界面

图 14-94 "防蹭网"设置界面

Step 21 选择"屏广告"选项，在打开的界面中可以设置过滤广告是否开启，如图 14-95 所示。

Step 22 单击"开启广告过滤"按钮，开启视频过滤广告功能，如图 14-96 所示。

图 14-95 "屏广告"界面

图 14-96 开启广告过滤功能

Step23 单击"立即清理"按钮，清理广告信息，如图 14-97 所示。

Step24 选择"测网速"选项，进入网速测试设置界面，如图 14-98 所示。

图 14-97　清理广告信息

图 14-98　测网速

Step25 单击"开启测速"按钮，对当前网络进行测速操作，测出来的结果显示在工作界面中，如图 14-99 所示。

14.5　实战演练

14.5.1　实战 1：控制无线网中设备的上网速度

在无线局域网中所有的终端设备都是通过路由器上网的，为了更好地管理各个终端设备的上网情况，管理员可以通过路由器控制上网设备的上网速度，具体的操作步骤如下。

图 14-99　检测当前网络速度

微视频

Step01 打开路由器的后台设置界面，在其中选择"IP 宽带控制"选项，在右侧的窗格中可以查看相关的功能信息，如图 14-100 所示。

Step02 勾选"开启 IP 宽带控制"复选框，在下方的设置区域中对设备的上行总宽带和下行总宽带数进行设置，进而控制终端设置的上网速度，如图 14-101 所示。

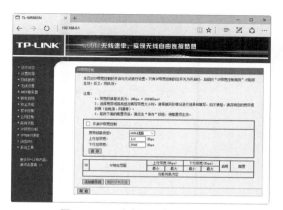

图 14-100　路由器后台设置界面

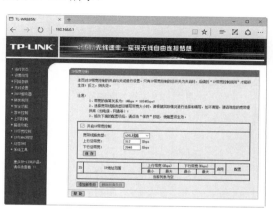

图 14-101　控制终端设置的上网速度

14.5.2 实战2：诊断和修复网络不通的问题

当自己的计算机不能上网时，说明计算机与网络连接不通，这时就需要诊断和修复网络了，具体的操作步骤如下。

Step01 打开"网络连接"窗口，右击需要诊断的网络图标，从弹出的快捷菜单中选择"诊断"选项，弹出"Windows网络诊断"窗口，并显示网络诊断的进度，如图14-102所示。

Step02 诊断完成后，将会在下方的窗格中显示诊断的结果，如图14-103所示。

图14-102 显示网络诊断的进度

图14-103 显示诊断的结果

Step03 单击"尝试以管理员身份进行这些修复"连接，开始对诊断出来的问题进行修复，如图14-104所示。

Step04 修复完毕后，会给出修复的结果，提示用户疑难解答已经完成，并在下方显示已修复信息提示，如图14-105所示。

图14-104 修复网络问题

图14-105 显示已修复信息